计算机软件技术的理论与实践研究

周环宇　李才有　黄兴鑫　著

U0248105

哈尔滨出版社
H.P.H
HARBIN PUBLISHING HOUSE

图书在版编目（CIP）数据

计算机软件技术的理论与实践研究 / 周环宇，李才
有，黄兴鑫著 . -- 哈尔滨：哈尔滨出版社，2024.1
ISBN 978-7-5484-7564-4

Ⅰ．①计… Ⅱ．①周… ②李… ③黄… Ⅲ．①软件一
研究 Ⅳ．① TP31

中国国家版本馆 CIP 数据核字（2023）第 166191 号

书　　名：计算机软件技术的理论与实践研究
　　　　　JISUANJI RUANJIAN JISHU DE LILUN YU SHIJIAN YANJIU

作　　者：周环宇　李才有　黄兴鑫　著
责任编辑：韩伟锋
封面设计：张　华
出版发行：哈尔滨出版社（Harbin Publishing House）
社　　址：哈尔滨市香坊区泰山路 82-9 号　邮编：150090
经　　销：全国新华书店
印　　刷：廊坊市广阳区九洲印刷厂
网　　址：www.hrbcbs.com
E - mail：hrbcbs@yeah.net
编辑版权热线：（0451）87900271　87900272
开　　本：787mm×1092mm　1/16　印张：9.75　字数：220 千字
版　　次：2024 年 1 月第 1 版
印　　次：2024 年 1 月第 1 次印刷
书　　号：ISBN 978-7-5484-7564-4
定　　价：76.00 元

凡购本社图书发现印装错误，请与本社印刷部联系调换。

服务热线：（0451）87900279

前　言

　　计算机软件测试技术对于软件开发而言具有重要的作用，能充分保障软件的精确性，为软件开发工作带来安全保证。笔者将从计算机软件开发的重要性、计算机软件开发流程、计算机软件测试技术在软件开发中的有效应用三个部分进行阐述。

　　相对于应用软件而言，计算机只是一种辅助工具。计算机之所以能够帮助人们有效地解决问题，促进社会迅猛发展，最重要的是计算机内的软件应用。可见，软件的开发极为重要。随着国家经济体系的不断改革，各行各业已经逐步面向现代化发展，互联网的普及无疑为人们的发展奠定了坚实的基础，也给应用软件的进一步研究开发提供了强有力的保障。计算机软件的应用已经在人们的生活中得以普及，而人们的日常生活也已经离不开网络的支持。计算机软件的应用丰富了人们的日常生活，使人们更加重视精神的自我培养，不断推动着社会前进。

　　在开发计算机软件之前，对其进行需求分析是开发应用软件的首要环节，亦是最重要的环节之一。软件开发需求分析质量会直接对应用软件开发造成影响。一般情况下，研究人员要根据软件需求内容，对软件的概要进行设计，并且结合软件的功能需求情况设计出软件程序流程图，若利用类似于 C 语言等高级语言实施程序编写，还应当根据软件模块设计各模块的应用功能。概要设计为软件的开发提供了程序框架，后续的开发工作都是在这个框架基础上进行操作，可见这个框架不但能够决定计算机软件程序功能，而且还能对软件运行的效率产生一定的影响。在软件程序具体的开发过程中，想要实现其特定功能，可选择多个语句或者逻辑关系等来实现，但不同的逻辑关系与语句也会从一定程度上影响软件。软件开发及其需求越来越复杂，如何编写简洁而又不会存在漏洞的应用程序，已经成为各软件开发人员最终的目标。因此，在实际研究过程当中，研究人员要十分重视概要设计环节的工作，并且保持思路清晰，设计完程序流程图之后要进行全方位的审核，不断简化软件的逻辑关系，最终实现科学合理的软件逻辑关系。

软件测试技术作为软件开发过程中最为重要的组成部分，该技术主要目的是为了将软件产品中存在的问题及时找出，并将测试报告交给软件开发人员予以修改。可见，在软件开发工作中，软件检测技术的应用是不可缺少的环节。

　　计算机网络技术已经在人们的生活中得以广泛应用，而软件就是应用计算机的关键。随着人们各类需求不断增加，开发计算机软件已经成为研究人员的日常工作，在具体的软件研究过程中，软件测试技术的使用是必不可少的。因此，软件开发人员还应切实做好相关工作，解决软件开发所面临的困境，不断提升自己的开发水平，对软件开发工作进行深入研究，促进软件事业的持续发展。

目 录

第一章　计算机软件理论

第一节　计算机软件概述

随着时代的进步，科技的革新，我国在计算机领域已经取得了很大的成就，计算机网络技术的应用给人类社会的发展带来了巨大的革新，加速了现代化社会的构建速度。文章就"关于计算机软件的应用理论探讨"这一话题展开了一个深刻的探讨，详细阐述了计算机软件的应用理论，以此来强化我国计算机领域的技术人员对计算机软件工程项目创新与完善工作的重视程度，使得我国计算机领域可以正确对待关于计算机软件的应用理论研究探讨工作，从根本上掌握计算机软件的应用理论，进而增强他们对计算机软件应用理论的掌握程度，研究出新的计算机软件技术。

一、计算机软件工程

当今世界是一个趋于信息化发展的时代，计算机网络技术的不断进步在很大程度上影响着人类的生活。计算机在未来的发展中将会更加趋于智能化发展，智能化社会的构建将会给人们带来很多新的体验。而计算机软件工程作为计算机技术中比较重要的一个环节，肩负着重大的技术革新使命。目前，计算机软件工程技术已经在我国的诸多领域中得到了应用，并发挥了巨大的作用，该技术工程的社会效益和经济效益的不断提高将会从根本上促进我国总体的经济发展水平的提升。总的来说，我国之所以要开展计算机软件工程管理项目，其根本原因在于给计算机软件工程的发展提供一个更为坚实的保障。计算机软件工程的管理工作同社会上的其他项目管理工作具有较大的差别，一般的项目工程的管理工作的执行对管理人员的专业技术要求并不高，难度也处于中等水平。但计算机软件工程项目的管理工作对项目管理的相关工作人员的职业素养要求十分高，管理人员必须具备较强的计算机软件技术，能够在软件管理工作中完成一些难度较大的工作，进而维护计算机软件工程项目的正常运行。为了能够更好地帮助管理人员学习计算机软件相关知识，企业应当为管理人员开设相应的计算机软件应用理论课程，从而使其可以全方位地了解到计算机软件的相关知识。计算机软件应用理论是计算机的一个学科分系，其主要是为了帮助人们更好地了解计算机软件的产生以及用途，从而方便人们对于计算机软件的使用。在计算机软件应用理论中，计算机软件被分为了两类：其一为系统软件，第二则为应用软件。系统软件顾名思义是系统以及系统相关的插件以及驱动等所组成的。例如，在我们生活中所常用的 Windows7、Windows8、Windows10 以及 Linux 系统、Unix 系统等均属于系统软件的范畴，此外我们在手机中所使用的塞班系统、Android 系统以及 IOS 系统等也属于系统软件，甚至华为公司所研发的鸿蒙系统也是系统软件之一。在系统软件中不但包含诸多的电脑系统、手机系统，同时还具有一些插件。例如，我们常听说的某某系统的汉化包、扩展包等也是属于系统软件的范畴。同时，一些电脑中以及手机中所使用的驱动程序也是系统软件之一。例如，电脑中用于显示的显卡驱动、用于发声的声卡驱动和用于连接以太网、WiFi 的网卡驱动等。而应用软件则可以理解为是除了系统软件之外所剩下的软件。

二、计算机软件与分层技术

计算机是人类智慧的结晶，随着技术的发展，计算机的应用范围日益广泛。软件开发作为计算机技术中的重要部分，其发展速度与日俱增。以往简单的软件开发技术已不能满足社会进步的需求。因此，分层技术的出现为软件开发提供了技术支持。分层技术以其清晰的网络构架对计算机软件开发的整体结构起到了支撑的作用。

（一）分层技术的概述及其优势

分层技术的概述。分层技术是计算机软件为发挥其特有功能而实现一种技术，分层技术是为了解决软件的统一问题，而应用不同的方法以及不同的过程。分层技术可将软件不同的程序分配到不同的层次之中，不同的层次组合在一起构成一个整体，但其层次功能是不一样的，在计算机其他技术的支持下，各层次之间可以做到无缝连接，这便是计算机软件中的分层技术。随着技术的不断革新，由单层结构向二层、三层、四层、五层逐层发展，充分奠定了分层技术在计算机软件发展中的地位，为今后计算机软件的发展提供源源不断的技术支撑。

分层技术的优势。分层技术其实是对计算机软件内部的层次彼此之间联系的一种概括性说法，分层技术之所以在计算机软件中推行的如此广泛，其优势是非常显著的。首先，分层技术能够提高软件系统的性能。分层技术在软件中的应用是以计算机硬件和各层级的程序为前提的，将软件按照一定的规则进行重组、改造或者升级，从软件的基础入手，将软件进一步升级，从而提高其系统的性能。其次，可以推动软件的研发效率，提高可靠性。在计算机软件的研发过程中，会存在各种漏洞，但实际上不存在漏洞的软件是不存在的，只能通过技术手段将漏洞减少，提高软件的可靠性，更进一步提高研发效率。分层技术可以改善软件开发的这一弱势，利用各层级相互作用的技术手段，将软件系统进行改造，在较短的时间内开发出高质量的计算机软件。最后，使分层技术深入化。分层技术的各个层次之间是平等的关系，没有哪一层级更显著的存在，只是针对不同的软件开发应用不同的技术而已。对于计算机软件的开发，分层技术有其独特性，具有不可替代的作用。

（二）计算机软件开发中分层技术的应用

双层技术的应用。在计算机软件开发过程中，正确有效地使用双层技术，可以从基础上提高软件开发的效率与可靠性。所谓双层技术就是由两个服务端点组成，一个是客户端端点，另一个是服务端端点。客户端端点可以让用户使用的软件界面更加优化，可以根据界面的标准状态完成界面的相关有效处理；服务端端点主要是接受客户的各种信息，让信息在软件中进行整合，然后通过传输让客户对信息进行有效使用。在软件的开发过程中，对双层技术的使用要有以下前提：一是保证软件使用的用户数量，促进服务器的运行效果。在软件的运行过程中，如果用户较多，会增加服务器的负荷量，会让软件的运行速度变慢，甚至导致系统错误的出现。若用户较少，双层技术的实际应用没有凸显出来。因此，服务器的使用频率及用户数量是服务器性能优化的基本保障。二是要保证运行的速度。服务器的运行速度减缓，就很难满足用户的需求。基于以上两点，双层技术的应用要对两个端点的开发效果进行保证，更好地为用户服务，这样双层技术的优越性就更能显现出来了。

三层技术的应用。在计算机的软件开发中，三层技术是以双层技术为基础进行进一步研发而得来的。一方面，三层技术在原来的基础上又提升了计算机信息访问的质量及效率；另一方面，三层技术使用户在使用计算机时的交互关系得到了实现，进而提高了计算机的工作效率。三层技术具体可分为界面层次、业务处理层和数据层次。具体应用如下：1.界面层次。主要是搜集用户对界面的需求，将用户需求进行整理分析，将整理好的数据传递给业务处理层；2.业务处理层。业务处理层就是将界面层传递过来的数据进行处理和分析，让用户的需求真正得到满足，最后按照相应的标准来提取所需数据；3.数据层次。主要是分析业务处理层的数据，并对其真实性进行核对，将数据分析处理完以后传递给业务处理层进行下一步骤的处理。三层技术的应用，有效地提高了软件的使用效率，优化了计算机的运行效果，促使软件技术朝更好的方向发展。

中间层技术的应用。中间层技术相对于其他各层技术而言可谓是一种独立的系统软件，多使用在分布式的计算机当中。在实际的工作过程中，一方面，可以运用中间层技术对分布式计算机上复杂的技术进行异构研究，从而有效地降低软件开发过程的难度，并且缩短软件的开发周期，保障其安全性；另一方面，中间层技术可以促进软件的操作系统、数据库的进一步优化和完善，降低系统的运行故障及风险，真正实现系统资源的优势互补。

五层技术的应用。在没有特殊要求的情况下，四层技术就基本可以满足大部分的软件开发需求。但随着技术的进步，五层技术已经应运而生，在四层技术的基础之上，又划分出了数据层。数据层又可具体分为集成层和资源层。对五层技术使用需要以下前提条件：一是要满足计算机数据运行环境。计算机软件开发对于数据层的运用，将进一步提升软件系统的运行效率，去满足有特殊要求的计算机运行需求。二是要对使用数据层的计算机环境进行分析。目前，J2EE 计算机环境中的五层技术应用最广泛，在使用过程中，要对五层技术的使用程序进行分析，确保五层技术能够有效应用，避免程序错误等问题的发生。目前在实际的应用中，五层技术还没有得到广泛的使用，但随着技术的不断推进，五层技术的应用领域一定会逐步提高。

随着时代的进步，人们对计算机软件的需求越来越高端。分层技术的出现，使计算机软件开发的前景更加的广阔，从而能满足不同用户的需求，为用户提供更加完善、性能更强的软件系统。总而言之，分层技术在计算机软件开发中的地位是不可撼动的，是未来计算机软件开发技术的核心。

三、多媒体技术与计算机软件

社会经济的迅速发展带来了人们生活水平的提高，同时使得信息技术水平和计算机发展稳步提高。计算机逐渐成为人类生活和工作中的得力助手，极大方便了人们的学习和生活。因此，人们更加关注计算机的安全性，如何通过应用多媒体技术保障计算机软件系统的安全性成为当前的热门话题。本文从多媒体技术出发探索计算机软件系统的恢复和保护技术。

以计算机为依托形成的庞大网络系统，给人们应用计算机、进行资源共享提供了极大的便利，同时也有利于企业中各部门的交流，从而提高企业水平。但是，其中也存在一系列问题阻碍计算机软件的发展。例如，在教学中存在计算机多媒体故障频发，这其中既包含硬件的损坏也包含计算机软件系统缓慢、病毒侵害的问题。这就需要运用多媒体技术来进行计算机软件系统的恢复。

（一）计算机多媒体技术概述

计算机多媒体技术的含义。计算机多媒体技术主要指以人机交互为基础，通过计算机技术实现将声音、影像等各种资料的信息转化和传输，从而实现信息资源共享。因此，计算机多媒体技术在社会各个领域应用广泛。

计算机多媒体技术应用于通信领域。其应用于通信领域主要表现为改善了单一的信息传递形式，通过视频和语音等实现联络。这种通信方式实现了信息传输，打破了时间和空间的限制，使得"面对面交流"成为可能。可以说，计算机多媒体技术应用于通信领域是通信技术发展的一个里程碑。

计算机多媒体技术应用于医疗领域。其在医疗领域的应用大大增强了现有医疗的功效，从而提高了整体医疗水平。其为医学难题的突破提供了助手，促进了医疗举措的创新。计算机多媒体技术应用于医疗领域主要体现在医学诊断成像方面，其通过对患者身体内部基本情况的细微掌握形成一种清晰显示，从而保障了医疗效果。

计算机多媒体技术应用于教育领域。主要体现在远程教育和课堂教学两方面。计算机多媒体技术应用于教育领域帮助教育打破了时间和空间的限制，使得受教育群体更加广泛。利用多媒体技术实现远程教育的主要表现形式是网络公开课的运用。计算机多媒体技术运用于课堂教学中能更好满足学生的身心发展需求，拓展了教学资源，提高了学生的学习兴趣和课堂教学的有效性。

计算机多媒体技术的发展前景。1.计算机多媒体技术智能化。主要表现为计算机多媒体通过硬件改良、软件改进等方式实现计算机及其终端装备性能的提高，从而逐步向智能化发展。计算机多媒体技术智能化是适应现代信息环境的必然趋势，体现了人们对计算机软件提出的更高水平要求。2.计算机多媒体技术网络化。旨在通过网络技术和通信技术的融合实现计算机多媒体技术的网络化。现今，计算机多媒体技术已经广泛应用于教育、通信、医疗等社会生活的各个领域。在未来社会，通过计算机多媒体技术的网络化必将实现全球范围内的信息共享，这也是未来计算机多媒体技术的发展主题。

（二）多媒体技术在计算机软件中的应用

利用多媒体技术实现软件系统的保护。多媒体技术对单机软件系统的保护。在教学领域，维护教学正常进行的基础在于对单机软件系统进行保护。单机软件的保护主要运用到硬盘保护卡，也就是采用硬盘加密技术保护硬盘不被攻击。由于硬盘保护卡所占内存小，其不会影响计算机的正常运行，因此，为保护硬盘不受病毒攻击，需要硬盘保护卡具备防病毒的功能。

将计算机硬盘系统进行分区可以说是对单机软件保护的最基本工作，只有对系统硬盘进行分区，在受到病毒侵害时才能保护其他盘数据不被病毒侵害。此外，在单机系统安装完成之后可以安装相应的教学软件，以便多媒体母系统监控单机软件的安全。保障单机软件不受病毒侵害的关键在于安装杀毒软件，同时注意定期进行安全检测和杀毒工作，从而实现对单机软件的初步保护。

多媒体技术对还原精灵软件的保护。在具体教学活动中，由于多媒体的使用人群复杂且具有流动性，硬盘系统很容易受到病毒侵害，在单机上安装还原精灵能极大降低硬盘受病毒侵害的风险，同时安装还原精灵后通过计算机的重新启动能恢复被删除的文件和程序，避免因为各种故障导致的数据遗失问题。

利用多媒体技术实现软件系统的恢复。即使利用多媒体技术实现了对计算机软件的保护，但这些保护措施难免存在漏洞。因此，在计算机软件受到病毒侵害后需要对计算机软件系统进行恢复，从而保障教学工作的正常开展。对计算机软件系统进行恢复的前提在于对计算机的软件系统进行备份。通过克隆工具的应用能实现对计算机多媒体软件的批量恢复，主要适用于计算机多媒体机房中的软件系统的恢复工作。此外，利用网络自动维护系统也可以实现对计算机软件系统的恢复，其具有自动化的优势，从而在大批量的系统恢复中更加方便和快捷。

现阶段，计算机已经成为人们学习生活中不可缺少的一部分。因此，人们开始追求计算机的更高使用价值，开始普遍关注计算机软件系统的安全性。如何借助多媒体技术实现计算机软件系统的保护和恢复成为计算机工作者的工作重心。相信在专业人员坚持不懈的努力之下，一定可以实现计算机软件系统的保护和恢复。

第二节　计算机软件开发

一、计算机软件开发的理论研究

目前，我国的互联网行业随着时代的进步而飞速发展，而伴随这一行业勃兴的是各种计算机软件的开发与应用，软件的开发与应用对于办公和教学而言有着不可替代的实践意义。它能够通过程序化的设置提高人们的办公效率，节省办公时间。另外，在教育行业中，由于计算机软件的开发与应用，学生能够享受到多媒体的学习环境，这无疑是一种工具的解放与进步。计算机软件的开发作为一项重要的工作，对于软件的性能具有较大的影响。新时期的软件开发出现了新的特点，本节将就计算机软件的分类、计算机软件的开发技术及其发展趋势、建议等进行讨论和研究，以改善人们的办公与现代生活，促进科技的进步与发展。

（一）计算机软件的分类简介

计算机软件是指计算机系统中的程序及其文档，一般而言计算机软件包括系统软件和应用软件。其中系统软件的主要作用是负责管理计算机软硬件，并协调软硬件协调高效地开展工作。主要的系统软件包括我们常见的视窗系统软件（也就是微软的 windows 系列软件），该系统软件在我们日常的办公和生活中。此外还包括 Linux、Unix 等系统软件，其在银行等对数据安全要求比较高的场合应用较多。而应用软件是指用户可以使用的各种程序设计语言，简单地说就是为了解决某类问题、完成某项工作而设计和开发的软件。像我们使用的 QQ 电脑版、微信电脑版、Office 系列软件都可以称作应用软件，具体的分类又包括办公室软件、互联网软件、多媒体软件等，对于我们的日常生活和学习有着重要的影响。

（二）计算机软件的编程语言分类

计算机软件的开发技术分析生于 Sun 公司（目前已经被甲骨文公司收购），是一门面向对象的计算机编程技术。其一，Java 语言。Java 语言编程语言，主要有简单高效、面向对象、可移植、安全性高等突出特点，其编辑和运行需要依赖于特定的环境，如果只是运行则只需要安装 JRE 即可，如果想要编辑 Java 源码则需要安装 JDK 编程运行环境。基于 java 语言的开发有三大分支，即 JavaEE、javaME、JavaSE。其二，C 语言。C 语言是一门面向过程的程序设计语言，在实际的开发中被较为广泛地应用于底层开发，经过十几年的不断改进和完善，C 语言逐步趋于成熟，而 C 语言最大的特点是具有强大的兼容性，编程的速度比较快，并且可读性好，易于调试、修改和移植。其三，C# 语言。C# 语言是微软公司开发的一款基于 .NET Framework 和 .NET Core 等运行环境的高级语言，C# 语言同 Java 语言具有较高的相似度，与继承、接口及一些语法知识都较为相似，且均为面向过程的语言，是一门重要的开发语言。

（三）计算机软件开发技术的发展趋势

其一，计算机软件开发服务化。也就是说从软件开发的全流程都要服务于客户的具体需要，客户有什么样的要求、客户想要怎样的效果都应该得到开发人员的积极回应，从而让开发出来的软件更能发挥重要的作用。其二，计算机软件开发网络化。也就是说计算机软件的开发、应用和改进应当积极借助互联网，让互联网平台在计算机软件开发过程中扮演更为重要的角色，使得开发出来的软件更加的实用。

其三，计算机软件开发智能化。也就是所开发出来的软件能像人一样进行智能化的思考，并根据思考做出最为精准、简便的回答，让程序的处理更加的快捷、高效、智能化，从而更好地服务于人类。其四，计算机软件开发开放化。也就是说计算机软件的开发应当让更多的掌握技术的人参与进来，以克服技术的限制和约束，不断集思广益，开发出更高质量、更高效能的计算机软件产品。

（四）计算机软件开发的建议

其一，目的要明确。开发软件是要做什么？所开发的软件要达到怎样的功能？每个功能怎样去实现？软件开发需要的费用有多少？这些都需要在开发前进行充分的分析和研究，用我们专业的语言在开发前进行充分的需求分析，只有目的和需求了解清楚了，开发出来的软件才更能满足现实的需要。对于我们要设计的软件而言，我们必须有一个整体的规划与设计，并且对软件开发过程中的各项成本支出能够有一个预算与测估，让软件开发能够形成一个最初的规划与保险兜底。而且，目的明确也能够进一步提高效率，节省后期不必要的时间与精力的成本支出。通过这种明确计划内容的制定，我们的后期软件开发就能形成一个非常明晰的方向，从而能够更加符合开发软件设定的需求与规划，同时也节省了后期的纠错成本。其二，要遵循一定的流程。软件的开发需要工程师遵循一定的开发流程，一般而言，需要先进行需求分析，之后进行概要设计和详细设计，然后是编码，最后开展测试。在每一个流程上都有具体的规定细则与计划，因此，必须积极地去遵循整体的每个阶段的流程开发，按照每个流程的客户需求与开发要求来进行软件开发，做到科学严谨、有条不紊，让每一个环节都有章法可依，有目的可循，真正实现对客户每一阶段需求的严格把握。其三，要注重后期的维护。软件开发的周期相对于维护而言要短许多，后期的维护工作更加的烦琐，所以在开发的初期就应当兼顾到后期的维护。例如，在开发中对每个模块中的代码进行注释，以备后期的查看和修改。对于很多软件开发而言，往往只做到了前期的开发与设计，一旦软件生成后，后期的运维就被很大程度地忽视与疏忽，而运维往往是软件开发中极其重要的一环。通过对软件与终端的运维，我们才能够维持软件的开发成果，让软件能够持续地工作与生成效用，这也是对前期开发的一种维持与保护。

综上所述，计算机软件在人们日常生活和工作中的应用方便了人们的生活，提升了工作的效能，我们要格外重视计算机软件的开发工作，全面了解计算机软件的分类、开发技术及其发展趋势，并在遵守一定的原则下去更为高效和快捷地进行计算机软件的开发工作，从而让开发出来的软件更加符合人们的日常应用需求。

二、基于高端科技的计算机软件开发技术

随着科学与信息技术的飞速发展与不断完善，新的高端技术在计算机领域中的影响与作用不断加强，在这种形势下，对计算机软件开发技术的应用效能提出了更高的要求。计算机软件是计算机的重要组成部分，为了顺应人们对智能化通讯的多样化需求，设计出合理的计算机网络应用系统，计算机软件开发工程中将软件的关键技术与高端技术相互融合，开发出更优秀的软件。本节就计算机软件开发技术中存在的问题进行深入分析，并就软件开发的利用和未来发展趋势进行探究。

计算机系统软件和计算机应用软件都是为广大用户服务的，其中计算机软件的开发直接影响着计算机的发展与使用。在科学与信息技术快速发展的时代背景下，计算机软件开发技术被广泛地应用到各行各业当中，人们的生产生活已经离不开计算机的应用。在高端技术不断完善与发展的时代背景下，将软件的关键技术与高端技术进行结合成为相关学者研究的重要内容。计算机系统软件包括多方面内容，比如维护软件、管理软件以及检测软件等，为了解决用户应用的具体问题还需要对计算机系统软件技术开发与应用进行分析。

（一）高端技术的概念以及发展问题

21 世纪是以计算机为代表的信息化时代，计算机软件开发技术已经被广泛地应用到各个领域与行业中，对人们的生活以及社会生产方式带来了巨大的变革。高端技术有别于传统的技术，是指研究人员利用新型的研究成果和技术手段研究成的科学技术，这是一种多门技术相互融合的产物。这种研究技术领先于传统技术，同时具有极大的实用性。所有的传统技术都来自高端技术，在计算机软件开发工作中，高端科技指的是在新的计算机技术和软件编程方法中，计算机软件研究人员在这基础上进行全新的软件开发，这些软件开发技术会对计算机技术的整体发展提供帮助与技术支持。但是在 20 世纪 50～60 年代，由于科学技术与社会经济发展水平等多方面因素限制，计算机软件开发技术主要应用在手工软件开发，也就是说，还需要消耗大量的人力与物力，不仅开发效率低、消耗时间长，还带来了一定的安全隐患，根本无法满足用户的需求量。

现阶段，随着科学技术与社会经济的快速发展，信息的网络化、社会化以及全球经济一体化都受到计算机软件开发技术的巨大影响。同时，对计算机软件开发提出了新的概念与要求。计算机软件开发技术由程序设计过程向软件过程发展，最后再向软件工程发展，加快了各种信息传播的速度，方便了人们的日常生活，同时也

推动了社会的进步与发展。

但是，我国计算机软件开发技术还面临着一定问题。1.信用值计算问题。信用机制不同，计算方法就不同，需要根据信用度采取适当的计算方法，可以有效地将恶意节点遏制。2.数据的安全问题。数据的安全性指的是数据传输的完整性和机密性，在传递过程中信息安全也受到了威胁。注重计算机软件技术应用可以保证信息在传递的过程中减少信息的泄漏风险，保证信息不受到损失，从而保证信息的精准性与完整性。3.版权侵害问题。版权侵害是计算机软件开发技术中最为普遍也是最严重的问题。由于每个设备的系统存在较大差异，加上计算机软件开发技术专业人员严重缺乏，现有的工作人员积极性与创造性都不足，造成计算机软件开发技术工作效率不高。

（二）高端技术在计算机软件开发的应用研究

计算机让软件开发技术最贴近生活的就是上网搜索查询、收发邮件、信息传递，这些都是通过计算机网络平台实现的。在计算机软件开发过程中，高端科技的进入使开发工作进入到新的发展时代，在这个前提下必须顺应时代发展要求，促进软件开发技术的发展工作。对于计算机软件开发技术来说，其应用的主要方式就是用户软件和网络系统，计算机让软件开发技术对人们的生活具有极大的影响，在一定程度上改变着人们的生活方式。软件和网络系统是紧密联系、不可分割的，二者即是相互独立运行的也是共同产生作用的。

1.处理好高端技术与信息化的关系。随着计算机让软件开发技术的发展与普及，对社会的发展做出很大的贡献，实现了其自身价值。在不同软件平台下，用户信息数据处理的平台越来越多，用户工作更加简单快捷，让人们接收到更全面、更准确与更广阔的信息，也大大提升了信息的输入速度。尤其随着信息化时代的到来，社会整体的科学技术水平都不断提高，在这样的时代背景下，高端技术的发展与信息化的发展具有紧密的联系。在计算机软件嵌入信息处理设备和移动通信设备，用户可以更快捷地处理信息数据，不需要在技术支撑之下就可以单独完成操作，让人们可以分享各自的资源，一个人的资源可以在多个人手中得到利用，加快了数据的整合与计算，最终促进信息化时代的发展。随着用户量的不断增加，客户端的运行速度会受到多方面因素的影响，这就需要采用相关技术及时进行人工调整，以此保证系统的正常运行。

2.高端技术在开发硬件中的支持。互联网的开放性与交互性丰富了信息资源，使信息资源变得越来越复杂，系统由于使用和安装过程中都会受到浏览器和版本的影响，因此，计算机软件开发技术还需要进一步完善与优化。在软件开发过程中需要硬件支持，简单来说，计算机软件开发技术应用的主要目的就是为了给用户提供更好的服务，让用户方便快捷地使用计算机。现阶段，部分计算机硬件高端技术的出现使计算机的硬件系统得到了快速发展，而且软件开发的理论也不断加强，为计算机软件开发活动提供了科学的理论指导。在新的高端技术中，一些新的程序编制软件和软件开发理论的出现为计算机软件开发工作打开了新的思路，实现了将计算机技术与网络化技术更好地结合。

（三）高端技术在计算机软件开发中的未来发展趋势

随着科学技术的飞速发展与不断的推进，我国计算机软件产业迅速崛起，软件人才队伍不断壮大，软件销售也持续升高，我国研发出大量的可以远程访问功能的技术。但是，在实际的应用中，应该选择最合理的访问技术，这个技术应具有高效的数据信息处理能力。

计算机高端技术是计算机整体技术发展的基础，在计算机的发展过程中每次新的高端技术发展都会引发计算机技术的大步前进。计算机软件开发技术正向智能化、服务化、开放化与融合化方向发展，除了可以将人的感官行为和思维逻辑过程进行完美模拟，还可以进行学习或者工作的推理和判断，在实际应用当中，计算机软件开发技术主要就是应用在少量的数据信息处理中。计算机软件开发技术人员在研发时需要注意计算机软件的服务属性，根据用户的实际需求，对网络技术的功能模块以及内部机构进行创新，与软件网络化协议功能相结合。同时，对各种信息数据进行准确、高效的分析与整合，开发服务于用户的软件，从而真正让用户更加方便、快捷地使用计算机。此外，在一定开放化的前提下，计算机软件开发还可以加强交流合作，软件产品应该全面实现开放，配合计算机硬件设置的条件，从而实现计算机的数字化与网络化。

随着科学技术与社会经济的不断进步，计算机软件开发工作中将软件的关键技术与高端技术进行结合是时代发展的必然趋势。计算机软件开发是计算机系统重要的组成部分，应加强高端技术计算机软件开发的应用与探索，更好地促进信息化时代的快速发展。

三、计算机软件开发中影响软件质量的因素

计算机软件是人与计算机硬件之间进行连接的纽带，亦是计算机技术的核心。计算机软件技术的发展推动了计算机信息时代的发展，计算机软件的发展与应用很大程度上改变了社会生产和生活方式。其中计算机软件的质量发挥着关键作用，如

果计算机软件质量出现问题，就会造成数据错误、泄露和遗失等问题。因此，在计算机软件开发中，必须对各种可能影响软件质量的因素予以重视，并采取相应措施保证计算机软件质量。

（一）计算机软件开发中影响软件质量的因素

用户需求的影响。计算机软件开发的目标是提供满足用户使用需求的计算机软件，并在社会中得到大范围推广，是否符合用户需求是衡量计算机软件质量的核心标准。因此，计算机软件开发及后续升级工作必须以满足用户需求为前提。在计算机软件开发前，如果没有做前期市场调研工作，没有与用户进行近距离交流，没有去整理用户需求，就无法对用户需求做到深入了解。如果在缺乏用户需求引导的情况下进行计算机软件开发，那么开发出的计算软件很可能无法达到理想效果，软件开发工作就是失败的。因此，计算机软件开发只有在与用户需求步调一致的前提下进行，才能开发出高质量的计算机软件。

软件开发人员的影响。计算机软件开发人员的职业素质和专业素质是对软件开发质量造成影响的一个关键因素，如果脱离了软件开发人员，软件开发就是纸上谈兵。在实际软件开发工作中，如果软件开发人员的专业素质不够或者工作态度不积极、不认真，软件开发质量就难以保证。此外，由于受到个人发展平台、薪资待遇及个人因素等各种原因的影响，导致计算机软件开发行业的人员流动性很强，软件开发人员离职的现象非常普遍。如果一个技术人员离职，新任人员接管原来人员的工作，需要一段时间进行适应，既加大了企业成本，也将影响软件开发的质量。

辅助工具应用的影响。计算机软件开发中牵扯到很多辅助开发工具的使用。例如：CASE 工具、检测工具和管理配置工具。软件开发人员必须对这些辅助工具进行合理选择和利用，才能保障软件开发的效率与质量，软件后期的稳定性与可维护性也能得到保障。在软件开发过程中，如果将软件开发工作全部交给开发人员去做，忽视对辅助工具的合理有效应用，最后开发出来软件的质量是难以保证的，在使用过程中必然会发生各种问题。

（二）提高计算机软件开发质量的建议

深入分析用户真实需求。计算机软件开发应在用户真实需求引导下进行，掌握用户真实需求是计算机软件开发的前提，在软件开发前，必须对用户真实需求进行深入调查和分析。首先，在软件开发前，企业应安排相关部门或人员进行一定时间的市场调研，与用户进行近距离交流，可以利用多种手段开展用户需求问卷调查，调查时间应充分有效，以此来收集和分析用户的真实需求；其次，建立项目管理制度，加强软件开发过程中与用户之间的及时沟通，软件开发需要一定的周期，在此期间用户的需求可能会发生变化，当软件开发与用户需求之间出现偏离时，开发人员可以及时获得信息并进行相应调整。

重视开发人员管理和培养。软件开发人员是软件开发工作的主导者，因此，必须重视对软件开发人员的管理和培养。其一，企业应重视对开发人员职业素质的培养。重视对软件开发人员进行工作热情、工作态度和责任心的培养，让软件开发人员端正工作态度，积极投入到计算机软件开发中。其二，重视开发人员能力培训。使其及时获取行业前沿知识，定期组织对开发人员继续教育培训，组织开发人员学习行业内先进的知识和经验，提升开发人员的专业素质水平，并调动开发人员的创新思维。其三，企业应健全人事管理制度和奖罚制度。提高开发人员薪资待遇水平，打通人员晋升通道，对工作绩效良好的人员给予肯定和奖励，激发开发人员工作的积极性。其四，软件开发工作涉及商业保密，企业应重视对开发人员的法律观念、道德水平和职业操守的培养，提高对企业的忠诚度。

（三）严格软件代码的检查

代码是构成软件的主体，很多软件质量问题和代码密切相关，为了保证软件质量，必须严格做好代码检查工作。在软件开发过程中，代码操作比较复杂，当代码出现错误时，往往很难发现，而且代码检查必须在尽量短的时间内完成，必须严格对代码进行层层检查，详细检查代码有无错误出现。当发现错误时，应及时进行修改，并做好相应记录，必须在上一步骤检查和校对无误后才能进行下一步操作。只有对代码严格逐次进行检查，软件开发的质量才有保障。

我国计算机软件行业目前尚处在快速发展阶段，必须对计算机软件开发质量引起重视。在软件开发中，企业必须对影响软件开发质量的各种因素进行深入分析，掌握用户需求，做到软件开发以用户需求为导向，加强软件开发人员管理和综合素质培养，严格过程质量控制，严格进行代码检查，为社会创造高质量的计算机软件，也为企业创造更大的经济效益。

第三节　计算机软件数据接口与插件技术

一、计算机软件数据接口

计算机内部不同功能软件，能够极大提升工作与生活便捷性，也会对社会进一步发展做出重要贡献。但是，不同计算机软件其设计人员、企业存在差异。这也意味着，计算机数据接口的出现与应用是科技发展的必然趋势。只有合理管控不同软件接口，维护软件稳定运行，才能进一步推动计算机技术发展，推动社会进步。

数据接口主要指为计算机内部不同应用软件提供规范化、标准化数据连接，确保计算机软件能够正常运行，确保计算机内部数据正常传输。但是，在实际数据接口应用之中，受到不同因素影响，导致软件运行受阻，软件接口需要具备一定灵活性，才能更好地进行应用。只有确保计算机数据接口能够得到合理应用，才能不断提升信息传递与处理能力，进而实现计算机软件功能完善，更好地为大众工作与生活服务。

（一）计算机软件数据接口作用

计算机软件数据接口可以在运行工作中，根据不同用户实际使用需求，作为不同软件之间的桥梁将这些软件更好地与计算机相连。计算机软件数据接口在某种程度上来讲属于一种载体，能够进行交流工作。计算机技术内部较为复杂，在计算机运行工作中，需要应用不同软件与硬件进行工作。计算机内部系统与程序是计算机重要构成部分，不同软件与程序为计算机运行奠定良好基础。但不同软件与程序之间要想构建连接，需要借助计算机接口，只有在计算机接口辅助下，才能提升软件灵活性，使计算机设备完成更为复杂的任务。同时，不同软件在实际应用过程中，需要进行更新与升级，更新与升级势必会导致不同软件存在冲突。所以，需要对计算机软件数据接口进行合理应用，才能从整体上提升计算机实际应用能力，拓展更多软件功能，更好地为工作与生活服务。

（二）计算机软件数据接口设计应遵循的原则

标准化设计原则。计算机软件数据接口设计工作人员在实际的设计工作中，需要遵循标准化原则，以标准化为软件设计工作基础，在标准化原则要求下，软件数据接口设计工作人员才能根据标准化要求，对设计工作加以规范，最大限度降低计算机软件数据传输过程中由于标准不同而导致数据传输工作出现障碍。同时，遵循标准化设计原则，可以有效降低软件升级与更新带来的问题，对计算机软件稳定运行与管理工作具有极为重要的意义。

可拓展设计原则。在计算机软件数据接口设计工作中，接口设计要具有兼容性，也就是说计算机数据接口功能要具有拓展性，可以适用于不同软件，将不同软件更好地连接到一起。只有这样，在计算机软件应用过程之中数据接口效果才更为显著。在实际的工作之中，为了满足不同客户需求，需要对计算机接口进行科学合理设计。

同时，还要在接口设计工作中，不断拓展接口功能，才能最大限度规避软件的更新与升级带来的冲突问题，最终达到拓展接口应用的目的。

一致性原则。软件的开发与设计工作最主要目的是为大众工作与生活提供便利。所以，在软件数据接口设计工作之中，不仅要遵循客户实际需求，更要遵循其多元化需求。只有软件数据接口具有一致性，才能不断提升计算机软件应用能力，提升其安全性与规范性，进而以更严格标准对软件接口进行设计，为计算机运行构建良好环境。

（三）软件数据接口实际应用存在的不足之处

软件数据接口方式存在不合理现象。在软件数据接口设计工作中，部分软件数据接口设计存在不合理现象，不仅会对软件实际运行工作造成阻碍，更会降低软件整体安全性，使软件应用受到严重影响。例如，在软件正常进行数据查找过程中，如果软件接口设计存在不合理现象，可能会导致其防御能力降低，导致浏览网页使用者信息泄露，引发网络安全问题，更会给软件使用者造成困扰。

软件数据接口设计规范性较低。在实际的软件数据接口设计工作中，存在不规范问题。只有严格遵循设计要求，对软件数据接口进行规范设计，才能起到应有效果。但是，就目前实际发展情况来看，部分计算机软件数据接口设计工作人员，在具体软件数据接口设计工作中，并不能根据相关设计要求，规范软件数据接口设计工作，导致软件设计水准与实际应用效果难以得到保障。

（四）合理优化软件数据接口设计方式强化实际应用能力

借助转换文件应用模式。软件接口数据设计工作不合理，所以在实际软件接口的设计工作之中，可以应用文件转换模式。在应用转换文件模式时，要明确不同软件运营商、用户与设计之间存在的关系，并以此为基础，遵循使用者实际需求，对数据接口进行设计。必要时，可以在实际的设计与应用工作时，以规范、科学合理的方式在接口应用中加入必要文件。同时，在实际软件运行过程中，要将相关文件形式记录下来，实现 doc、txt、pdf 不同文件之间的转换工作，在具体设计工作中实现转换功能。此外，要在文件转换过程中，对特定格式信息加以收集，进而不断优化数据软件接口设计工作，使软件接口功能更加完善，更好地维护计算机软件应用工作。

借助中间数据库应用模式。计算机数据库不仅是一种新兴技术，更是全新技术。计算机数据库对接口设计工作具有一定影响。所以，多数的计算机数据库可以在经过授权后，根据软件使用者实际需求开放数据访问权限，进而更好地访问数据内部信息。同时，在实际应用中，计算机使用者可以在计算机操作工作中对不同数据加以隐藏，或是借助数据库对数据信息进行上传与分享。而在数据上传与分享过程中，中间数据库模式可以确保各项数据得到合理应用。所以，在中间数据库实际应用中，相关使用者以及访问人员需要在规范操作下对计算机中间数据库进行应用。中间数据库应用模式可以提升计算机灵活应用程度，对应用模式进行分析，对计算机进行全面分析，确保计算机能够稳定运行。

借助计算机函数应用模式。在计算机软件接口应用中，其中的函数模式应用相对常见。所以，计算机软件开发商与相关设计工作人员在实际的管理与设计工作中，更加关注函数准则制定。而软件开发人员与软件使用者需要提前对数据进行操作。在软件应用中，当计算机内部函数被更改时，只需要借助相关函数，就能够在计算机内部实现函数交互工作，进而提升计算机软件数据接口应用能力，更好地维护计算机稳定运行。

对目前计算机应用工作加以分析，国内计算机软件无论是技术还是兼容性还较为落后，计算机软件接口数据的应用与发展还需要获得更多关注与支持。当今社会，计算机软件逐渐应用在各行各业，不仅推动计算机普及应用，更对行业发展带来重要作用。所以，要解决计算机软件数据接口存在的问题，才能更好地提升其应用能力。计算机软件接口应用，不仅能强化数据之间的沟通，更能推动计算机行业整体发展，推动计算机应用技术进步。

二、计算机软件插件技术

插件技术如今被广泛运用于计算机软件开发中，对计算机插件技术进行研究，促使其在计算机软件开发中发挥更大的作用非常必要。本节主要介绍了插件技术的概念、应用原理以及插件技术的类型，并分析了插件技术在计算机软件开发中的实践应用。计算机软件是计算机使用过程中必不可少的组成部分，因此，计算机软件相关技术一直是业界关注的重点。插件技术是计算机软件开发过程中的重要辅助技术，插件技术能够帮助减轻计算机软件原型研发的难度和周期，降低软件开发成本。不仅如此，插件技术还能够辅助软件提升安全性、稳定性，拓展软件的应用功能。正是基于插件技术所带来的种种好处，近年来插件技术被广泛应用于各类软件的开发中。

（一）插件技术的概念及原理

插件技术的概念。插件是指在规定下编写的程序，因为此程序应用时通常在一些接口规范可调用插件，所以称之为插件技术。通过使用插件技术，能够让软件具备其原本并不具备的功能，使得软件的功能更加多样，能够应用于更加广泛的场景，但需要注意的是插件并不能够单独运行和使用，而必须依附于特定的软件。

插件技术的原理。插件技术所使用的原理主要有两个，动态链接库是其中的一个。动态链接库是软件模块中的一种，其本身无法独立运行，但与相应的软件配合能够实现函数或者数据输出。而在动态链接库的调用过程中，主要通过静态调用和动态调用两种方式进行。静态调用由于灵活性较差但使用方便，往往应用于有一般要求的软件程序中；而动态调用则能够充分使用内存，但因为其应用比较复杂，因此一般应用于要求比较高的软件中。除了动态链接库之外，接口也是插件技术的一大应用原理。由于插件必须依附于宿主软件才能发挥作用，因此必须在宿主软件和插件之间通过一定的规则通信建立连接，而这个规则就是接口。接口的作用仅仅是帮助宿主软件和插件之间建立联系，接口本身并不涉及宿主软件具体调用插件。

（二）插件技术的类型

近年来，插件技术以其独特的优势，在软件开发过程中很受重视。因此，插件技术的类型也更加多样。插件技术的类型主要分为以下五类：

命令式插件。此类型的插件比较简单，对专业知识要求以及运行环境的要求较低。然而其本身的自由度也比较低，且主要以文本的形式运行，这种类型的插件对于宿主软件的功能拓展具有比较大的局限性。

已有程序环境插件。在使用已有程序环境插件的过程中，相对于类型命令的插件而言，需要宿主软件设立更多的接口来完成，且这些窗口能够自定义，使得多种插件能够在宿主软件中运行，进而提升插件设计的自由度，使得编程人员能够发挥其创意，使得软件具备更多的功能，提升软件的实用性。在宿主软件建立的过程中需要设计更多的接口，且各个接口能够协调运行，这对于宿主软件编程人员而言具有一定的挑战。因此，已有程序环境插件相对命令式插件有更高的专业性要求。

聚合式插件。聚合式插件能够实现各个插件之间以及插件与宿主软件之间建立联系，因此其灵活度较高，程序编写人员能够根据其自身的经验和创意进行编程，增加宿主软件的功能。但由于聚合式插件对于宿主软件接口协调性比较高，因此，在进行聚合式插件编程时，需要经验较为丰富的专业人士完成。

批处理插件。批处理插件由于通过输入简单的指令就能实现插件功能的应用，因此被广泛使用。但由于其自身灵活性比较低，因此，批处理插件大多被应用于简单的宿主软件的使用过程中。

脚本式插件。这类插件是通过使用宿主软件环境语言或者插件通用的语言进行编写脚本完成的。这类型插件语言开发的难度比较大，但能够独立完成任务，由XML语言编写的难度低，且便于修改和操作。因此，XML语言在脚本式插件的编写中最为常见。

（三）插件技术的实践应用

优化计算机软件的功能。通过上诉多种类型插件的使用或者组合使用，能够使宿主软件具备更加多样的功能。不仅如此，通过多个接口对接不同的插件功能，用户在进行特定的操作时，通过使用不同的插件进行，不仅提升了计算机运行的效率，还为用户提供了良好的使用体验。

插件与宿主软件结构设计。插件在宿主软件中运行离不开对宿主软件加载程序功能、计算机动态链接库对插件功能的处理以及接口对接宿主软件和插件，这三个部分的协调运行是插件功能正常运行的基础。因此，在插件技术的运行过程中要重视这三部分的合理设计，确保插件乃至整个宿主软件能够稳定、安全运行。

插件技术的接口设计。接口是插件技术中至关重要的组成部分，接口需要结合宿主软件和插件之间的信息实现两者的连接。为确保宿主软件能够连接多样化的插件，具备更加丰富的功能，设计者在设计接口时需要让接口具备覆盖所有类型插件的信息数据处理功能。

随着社会经济的发展，人们对于计算机软件的功能提出了更多的要求。而插件技术不仅能够实现计算机软件多样化功能，还能够缩短计算机软件开发和升级的周期，给用户带来更好的体验，插件技术也凭借这些优势成为计算机软件开发中的重要技术之一。因此，计算机软件从业者应该关注插件技术的应用和发展，进一步提升我国插件技术开发和应用水平。

第四节　计算机软件的维护与专利保护

一、计算机软件的维护

在我国计算机技术不断发展的过程中，计算机软件在其中占据着非常大的分量。作为计算机系统中的重要组成部分，计算机软件系统在运行的过程中能够有效地实现计算机的各种功能以及应用。但是在计算机运行的过程中，非常容易出现问题以及漏洞，这样就需要我们在计算机日常运行的过程中进行必要的维护。只有将计算机软件的日常维护作为计算机不断发展的前提，才能够有效提升计算机的应用效果，扩大计算机的应用范围。本节主要针对计算机软件的维护措施进行详细的阐述以及分析。

在计算机运行的过程中，计算机相关的软件显得尤为重要。根据计算机运行过程中的时间比例进行分析，计算机软件的维护时间以及计算机软件维护整体的工作量大约能够占到计算机软件整体寿命的 70% 甚至以上。因此，我们在计算机软件应用的过程中，要对计算机软件的维护工作给予足够的重视。计算机软件维护工作主要指的是在计算机软件投入应用之后进行的针对计算机软件的 4 类维护工作，一是计算机软件的改正维护工作，二是计算机软件的适应维护，三是计算机软件的完善维护，四是计算机软件的预防维护。在进行上述 4 种计算机软件维护工作的过程中，软件的维护同软件的研发以及软件的生产同等重要。因此，计算机软件的维护工作进行的过程中要给予格外的重视，要根据软件的问题进行针对性的维护，这样才能够有效地实现计算机软件的维护效果。在计算机维护的过程中，我们还有很多的工作需要处理以及尝试。因此，计算机软件的维护工作是一项任重而道远的工作，需要我们在日后的工作中给予重视。

（一）计算机维护工作进行过程中的主要分类

计算机软件的改正性工作维护。在计算机软件维护工作进行的过程中，改正性的软件工作维护主要指的是在计算机软件应用过程中出现错误的情况下进行的软件维护。我们能够根据软件应用的相关统计得出，在计算机软件出厂并且使用的时候，计算机软件中的编码错误等问题还会时常出现，大约能够占到计算机整体软件的 3‰ 左右。这一数据虽然占比较小，但是在计算机软件中的编码数非常大，这样就会无形中增加了计算机软件的编码数量，给计算机软件的应用带来了非常大的干扰。因此，我们在进行计算机软件维护的过程中，要根据这一问题进行修改以及维护。改正性错误在实际的工作中主要可以分为 5 种，一是软件的计算错误，二是软件的逻辑错误，三是软件的编码错误，四是软件的文档错误，五是软件的数据错误。上述的 5 种计算机软件错误在实际的应用过程中出现频率较高，因此，在实际的计算机维护的工作进行的过程中要对这些计算机软件问题给予足够的重视，并且及时进行处理以及维护。

计算机软件的适应性工作维护。适应性的软件维护工作主要指的是计算机软件在应用过程中对于外部环境的适应能力的一种针对性维护工作。在计算机软件应用的过程中，计算机软件的外部环境出现变化，主要包含了 4 种外部环境变化。一是计算机的相关硬件进行的升级变化，二是计算机的相关操作系统出现的升级变化，三是计算机相关数据升级发生的变化，四是计算机软件研发过程中的相关标准以及相关的规章出现的变化。伴随着上述的 4 种变化的发生，我们要针对性地进行计算机软件的适应性工作维护，保障计算机软件在应用的过程中能够有效地适应计算机外部环境出现的变化而带来的运行变化。

计算机软件的完善性工作维护。完善性的工作维护主要指的是在计算机软件应用的过程中对于软件性能的一种完善以及升级，通过这一方式能够有效地提升计算机软件的应用性能以及使用寿命。需要注意的是，在计算机软件完善性工作维护的过程中，我们进行的升级以及完善性能在软件自身携带的说明书中并没有给予充分的体现或者是没有体现。这种计算机软件完善性工作维护主要是在软件应用一段时间之后，根据用户的实际需求进行的功能性完善。这一类维护工作在进行的过程中，虽然没有原软件说明书的指导，但是在实际的工作中还是要遵循软件维护的相关准则以及相关标准。

计算机软件的预防性工作维护。预防性的工作维护主要指的是针对还在正常应用的软件的一种性能可靠性提升的一种维护工作。这种维护工作主要的方法采用的是软件工程的实际方法来进行的软件工作维护。在维护工作进行的过程中，我们可以对软件中的部分功能或者是全部功能进行重新设计或者是升级改造，通过程序的编写以及性能的再测试进行应用软件的性能提升以及充实。这样做的主要目的是为了保证计算机软件的后期维护工作的正常开展。这种维护方法在我国早期的计算机软件应用的过程中非常的常见。

（二）计算机软件维护工作进行的过程中应用的主要措施

在计算机软件维护工作进行的过程中的主要基本维护要求。在计算机软件进行维护升级的过程中，我们有很多的具体维护要求，大致可以归为 3 种要求。首先，是在计算机软件维护升级工作进行的过程中，我们要求对运行中的软件操作系统进行质量上的定期检查，保障计算机软件在应用的过程中，维持在一个应用水准之上；其次，是在软件维护升级的过程中，我们要保障计算机软件相关数据完全正确，这样能够保障维护升级之后的计算机软件不脱离原有的数据模型；再次，是在计算机软件研发以及升级的过程中，必须由专业的工作人员进行专业的操作，这样才能够有效保障计算机软件维护升级过程中的完整性以及可靠性。

在计算机软件维护工作进行的过程中执行的具体维护措施。计算机软件的维护过程几乎与开发过程一样复杂，因而软件维护活动通常也可定义成软件生存周期中前几个阶段的重复。其一般步骤为：确定修改类型；确定修改的需要；提出修改请求；需求分析；认可或否决修改请求；安排任务进度；设计；设计评审；编码修改和排错；评审编码修改；测试；更新文档；标准审计；用户验收；安装后评审修改对系统的影响。在实施软件维护活动中，还应注意以下事项：首先，建立一个专门的维护组织，以改善对维护的控制并提高效率，激发维护人员的积极性，避免自信心不足。其次，制定系统维护计划，其中包括替换废弃的模块和新版本计划。

二、计算机软件的专利保护

20世纪60年代，"软件"一词由国外传入我国，目前，在广义上对软件的解释为"计算机系统中的程序及其文档"。程序是指计算任务的处理对象和处理规则的描述，是一系列按照特定顺序组织的电脑数据和指令的集合。对于计算机软件狭义的理解即为可以在计算机及移动智能设备上运行、并且可以实现某些功能的应用程序。

（一）计算机软件专利保护立法现状

对于计算机软件的法律保护问题，最早在20世纪60年代由德国的学者提出，此后西方发达国家也纷纷就此问题提出了自己不同的看法及解决方案。相对于西方发达国家，我国由于计算机行业起步较晚，整体水平相对落后，直到20世纪90年代才针对国内计算机行业发展的情况，制定并颁布了《计算机软件保护条例》，将计算机软件纳入了《专利法》的保护范围，填补了之前该领域的空白。

由于计算机软件本质上是数据代码的集合，早期我国的《专利法》并不能够很好地对计算机软件起到保护作用。为了解决这个困境，我国采纳了美国和日本计算机软件保护制度精华部分，并结合我国国情，在2008年对我国《专利法》进行再次修改。这次的修改放宽了专利保护的范围，让更多的计算机软件受到《专利法》的保护。这次的修订不仅仅是计算机软件法律保护上的一次突破，也使得我们的《专利法》的保护手段更好地与国际接轨。

（二）计算机软件专利保护的必要性

近年来，我国在软件行业取得了喜人的成就，计算机软件行业在规模上越做越大，已经逐渐成为我国经济发展的中流砥柱。但是计算机软件行业的版权意识并没有能和其发展规模齐头并进，仍然处于落后的状态。从商业软件联盟BSA发布的《2011年全球PC套装软件盗版研究》的数据中可以看出，中国PC软件盗版率虽然下降了15个百分点，降至77%，但正版软件使用率非常低。尽管《专利法》对计算机软件的版权问题做了相关规定，也起到了一定的保护作用，但是法律具有滞后性，《专利法》并不能预测未来的计算机软件行业发展，并根据预测提前做出相应修订。于是可以看到，在司法实务中，计算机软件并不能得到期望的保护，究其原因就是现行法律的更新并不能很好地跟上计算机软件发展进程。而且非垄断性的版权保护和软件高速的传播速度加剧了市面上十分猖獗的软件盗版行为，不良商家不顾法律法规的规定，肆意对正版软件进行侵权，使良好运行的软件市场变得较为混乱。

相比于盗版的计算机软件，正版软件无疑有以下 2 点优势：第一，正版软件在发售前都会经历严格的检测过程，终端用户在使用的过程中不会出现系统不兼容甚至死机的情况，而盗版软件则无法做到较强的稳定性和兼容性；第二，正版软件几乎没有携带恶意木马病毒等流氓软件程序的可能，也就不存在个人信息泄露的隐患。所以，保护正版软件对于计算机软件行业甚至于整个互联网环境都是百利而无一害的。根据法益保护原则，理应对现有的知识产权法律体系进行改进，来为计算机软件版权提供更有力的保护。

（三）计算机软件专利保护存在的问题

申请条件过于严苛。如果对软件采取专利权保护，其良好的独占性和排他性不仅能够保护计算机软件的软件算法和编写代码，也可以保护软件的"思想"。但是《专利审查指南》（后文简称指南）的第二部分明确规定，计算机程序本身不授予专利权的申请，软件不与硬件或者是工程结合使用也不受专利保护。从指南的规定中可以得知，我国对计算机软件的专利保护增添了诸多限制，这大大减少了软件受保护的范围。而且指南第二部分实质审查所说的"新颖性""创造性"和"实用性"对于计算机软件来说也是相当严苛的要求：新颖性要求申请专利保护的软件必须不属于现有技术；创造性则是指与现有技术相比，申请的软件要有突出的实质性特点和显著进步；实用性作为计算机软件最符合的特性，也不能仅限于理论上，而一定是能够进行实际应用的。然而现在的软件行业开源性和反向工程的流行，很难有软件能完美地满足上述的"三性"。

审查周期过长且审查方式不合理。指南中规定，一款专利从提交申请到最终申请成功，需要经过初步审查和实质审查两个步骤共计 3 年左右的时间。作为高新技术产业，计算机软件行业拥有较短的市场生命周期，而且对登录市场的时间有着很高的要求。有些软件可能从进入市场到最终消失都无法花费 3 年时间。过长的审查周期使得软件在市场流通时无法受到专利保护，这大大增加了软件被抄袭和剽窃的风险。

一款软件如果被盗版，会对正版软件的市场造成很大的冲击，不但使得正版软件损失大批量的用户，导致收入的大幅下降，而且不受专利法保护的软件如果遭遇了盗版行为，其行为在司法实务中难以受到刑法和侵权责任法的规制，导致盗版软件所产生的收益和对正版软件造成的损害赔偿等费用没有办法回归到软件公司手中。众所周知，专利的研发需要大量的人力、物力和财力，上述两种情况会导致软件公司损失大量的资金收入，使公司的资本难以维持软件的版本优化和研发创新，更严重的会使公司面临破产倒闭的风险。

目前，我国还是施行公开制的专利审查。早些时期，公开制确实能提供更好的审查效果，但是对于计算机软件来说，公开审查确实有许多的负面影响。在计算机软件没有受到保护的情况下，过早的公开会增加软件受到盗版行为侵害的风险，此种情况会影响软件专利的"三性"。而且也丧失了作为"商业秘密"的条件，不利于软件的保护和软件开发公司的发展。

（四）计算机软件专利保护建议

放宽软件类专利申请条件。现行指南关于专利申请的规定对于计算机软件来说过于苛刻，目前我国的专利保护仍然不能保护软件本身，"与承载的硬件相结合"这一条款会将很多的优秀计算机软件排除在保护的范围外，不利于我国软件行业的发展。而且我国许多计算机软件的开发都是基于国外先进技术引进的基础，如果我国对于计算机软件本身不能进行保护，那么有些国家出于对本国软件技术的专利权保护的目的，可能会暂缓甚至放弃其高新技术进入我国，久而久之也会对我国计算机软件行业甚至互联网大环境产生不良影响。所以，指南需要对于计算机软件专利申请方面做出针对性调整。举例说明，进行专利申请时可以适当降低对于计算机软件"三性"的要求。不同于其他专利的申请，计算机软件技术的开发本身就能体现出指南要求的创造性。在人们对人性化需求日益增加的今天，所谓的用户体验不但成为一项评判软件是否优秀的重要标准，也可以证明软件存在一定的新颖性。且这种思想类的创新确实是可以通过代码的方式加以体现，所以不应该因为两个软件在实际应用上可以取得相似的结果，就认定"三性"不足而不通过专利申请，要对其进行仔细分析进而得出结论。

改进软件专利审查过程。首先，要缩短软件类专利的审查周期。随着软件市场的百花齐放，计算机软件之间的竞争越发激烈，随之也出现许多生命周期很短的软件，其中不乏许多优秀的、但最终因盗版侵权行为而销声匿迹的产品。例如，腾讯公司的某些软件的生命周期也就短短几年。结合目前的实际情况看，3 年左右的审查周期无法与计算机软件的特性相契合，很有必要对软件专利的周期进行更改。在技术日新月异的今天，2 年左右可能就会出现技术的更新换代，所以审查周期应该根据申请软件的具体情况定为 3 到 6 个月比较合理，既满足了审查流程又能很好地适应计算机软件自身的特点。其次，对于计算机软件来说，我国应该借鉴发达国家的审查模式，对计算机软件审查适用"授权公开"。对于申请公开的公司企业进行资质审查，确定没有侵权风险再进行授权。而且即使申请专利保护失败，也不会泄露公司的商业机密，对于以后的软件开发更有好处。

目前，我国针对计算机软件的专利保护确实还存在一些不足，立法机关应针对所出现的问题，并结合我国实际国情进行立法修改与完善，进而为我国计算机软件发展大环境提供有力保护。

第二章　计算机软件发展

第一节　计算机软件设计的原则

信息化时代的快速发展，使计算机在社会生活中发挥着十分重要的作用，推动了社会的发展。而计算机也得到了广泛的普及，计算机软件的开发设计是计算机快速发展的重要原因，其推动了计算机的发展。而支撑计算软件设计的原则也是值得研究和探索的。本节主要论述了计算机软件设计的重要性以及设计原则，在进行设计中应注意的事项及设计方法，使其推动计算机更好的发展，为社会生活带来便捷。

计算机软件主要包括系统软件和应用软件，系统软件主要指支撑计算机运行的各种系统，而应用软件是指解决用户具体问题的软件。因此，软件的开发对计算机非常重要，用户在使用计算机的时候其实是在使用计算机软件。计算机软件的开发水平决定着计算机的发展水平和发展速度，计算机软件设计是计算机的核心。计算机软件设计可以为用户提供一个良好的使用平台，使用户在使用计算机的时候更加简单和快捷，计算机软件设计设计是否合理安全，对用户具有非常重要的影响。因此，在对计算机软件进行设计开发时，要严格按照规定的要求进行开发。传统的计算机软件设计开发主要是手工操作，这种软件设计方式存在一定的局限性。例如，操作失误率高、软件的可扩展性较低，不能满足当前用户对计算机软件的需求。因此，在计算机软件设计上，设计人员要严格规范软件的开发过程，对软件设计进行综合分析、开发、调试及运行，从而开发出高质量、安全性高的计算机软件。

一、计算机软件设计的重要性

计算机软件设计是计算机系统中的灵魂，是计算机执行某项任务时所需的文档、程序和数据的集合。计算机软件设计是计算机软件工程较为关键的组成部分之一，关乎着计算机发展走向。计算机本身最为重要的是技术支撑，计算机的运行是通过计算机软件运作方式与功能来实现的。计算机软件设计是推动计算机软件工程人性化、智能化与网络化发展的主要技术。计算机软件设计使一些网络支持、远程控制成为可能，使计算机网络技术不断创新，对计算机网络发展有着极大的助推作用。在信息化时代的今天，人们的工作、学习和生活离不开计算机软件的使用，而计算机软件设计使其性能得到更好的完善，网络技术得以创新。在软件开发技术的推动下，远程控制、电商平台、网络共享等网络技术变得更加成熟。随着计算机软件设计技术的不断提升，软件的高效性、安全性、可靠性有了较大的提高，计算机软件的使用价值不断提升。因此，计算机软件设计在我国经济发展中具有重要的作用，推动着计算机科学技术的向前发展。

二、计算机软件设计的原则

（一）先进性原则

计算机软件在设计上要确保先进性。要时刻关注社会的发展趋势和人们的需求，采用先进的科学技术和思想意识，对传统的设计方式要选择性利用，并结合先进的研发技术确保研究人员对计算机软件的设计顺利展开，满足人们对计算机的需求。

（二）安全性原则

安全性是计算机软件在设计上非常重要的一个原则。只有确保计算机软件设计的足够安全可靠，才可以更好地被用户使用和认可。计算机属于用途非常广泛的网络产品，如果软件在设计上存在安全问题，可能会导致数据和信息的损坏和丢失，对用户在使用计算机时造成一定的影响。因此，安全性原则必须引起足够的重视。

（三）可扩充性原则

随着计算机在社会生活中的普遍推广和使用，储存的信息也越来越多，计算机软件在设计上要保证留有升级接口和升级空间。

（四）可理解性原则

软件设计要简单明了，易于理解和学习，使用户在使用时能够理解它的设计用途，不仅仅是对文档清晰可读的理解，还要求软件本身具有简单易懂的设计构造。因此，这就要求设计者充分考虑使用对象的特点，利用其掌握的技术知识进行研发。

（五）可修改性原则

计算机软件设计要具有可修改性，设计者在进行设计时要充分考虑其可修改性原则，使计算机软件有良好的构造和完备的文档，易于进行调整。

（六）可靠性原则

计算机软件系统规模越做越复杂，其可靠性也很难保证，软件系统的可靠性直接关系到计算机本身的性能。软件可靠性是指软件在测试运行过程中避免可能发生故障的能力，一旦发生故障，具有解脱和排除故障的能力。计算机软件的可靠性为计算机的发展提供了有力保证。因此，设计者要充分重视可靠性原则对计算机软件设计的重要性。

社会的发展促使计算机软件设计不断更新，计算机对社会生活的影响越来越重要。计算机软件在设计上要充分考虑其特征和运用的范围，计算机软件设计的原则对计算机的发展也起着关键的作用。设计者在设计软件时要简单明了，使用户能够轻易使用计算机为其生活和工作带来便利。计算机软件的安全性是保证计算机正常运行的重要因素，只有计算机软件的安全性得到保证，用户才会更加认可计算机带来的积极影响。同时还要注意计算机的先进性，计算机本身有很高的技术性，其发展速度和更新换代也非常快，要时刻关注社会生活和人民的需求，及时进行软件设计的开发，跟上时代的步伐。计算机软件设计对计算机起着至关重要的作用，要重视软件的设计开发，以便更好地为社会和用户服务。

第二节　计算机软件的知识产权保护

加快科技创新，实施创新驱动发展战略，响应时代大趋势号召，加速我国经济发展进入新常态。计算机软件作为科技创新的重要载体和核心力量，主宰着科技革命发展的方向。注重提升软件创新能力，建立以知识产权保护为基础，协同商业秘密与《著作权法》等法律体系的维护新格局。运用知识产权体系多维度保护软件实现过程，保护软件开发者的创新思维和劳动成果，提高专利服务行业从业人员的专业素养，为科技创新提供高层次、高质量的代理服务，为软件产业的优化发展保驾护航。发扬计算机及其软件作为科技发展的核心力量，释放创新人才的发展潜能，调动全社会的创新创业积极性。

科技革命给人类社会带来了新的机遇和挑战，赋予了人类前所未有的创新和实践空间。科学创新解决了社会发展所面临的各项重大难题，物联网、大数据、区块链、人工智能、无人机、基因工程、新材料等颠覆性技术应运而生，社会生活方式发生了深层变革。科技创新的高潮积累的量变终究会演变成为科技革命的质变。计算机及其软件作为科技发展的核心力量，主宰了科技革命的发展方向。

我国在 1990 年出台的《著作权法》规定了计算机软件属于著作权客体。1991 年发布的《计算机软件保护条例》明确了计算机软件属于著作权客体的法律规定。2001 年国务院修订了《计算机软件保护条例》，使其与 TRIPS 协议相一致。此后国家推行了一系列进一步鼓励软件产业和集成电路产业发展的政策，旨在推动我国软件行业向纵深方向发展。这些政策对于增强科技创新能力，提高产业发展质量具有重要意义。我国《专利审查指南》中对可申请保护的软件做出了具体解释："计算机程序包括源程序和目标程序。计算机程序的发明是指为解决发明提出的问题，全部或部分以计算机程序处理流程为基础，计算机通过执行按上述流程编制的计算机程序，对计算机外部对象或内部对象进行控制或处理的解决方案。"即计算机程序一旦构成技术方案解决技术问题，其与其他领域的专利对象一样在知识产权保护体系中具有一般性。

一、计算机软件及其保护模式解析

（一）计算机软件及其属性

计算机软件具有无形性、专有性、地域性、时间性、易复制、创造性、不可替代性等属性。计算机软件的核心在于算法，算法是一种智力活动的规则，是对数据施以处理步骤，对数据结构进行操作，解决问题的方法和过程。软件是算法运行于规则并体现出的技术效果。软件是用硬件支持的源代码作用于外设来实现功能。从形式上看，一个抽象的算法被界定为没有任何物质实体的纯粹的逻辑，似乎仅仅是一种"自然法则"或"数学公式"，属于"智力活动的规则和方法"。因此，得出了软件不属于专利保护范围的结论。

在 20 世纪 30 年代，邱奇—图灵命题明确提出了所有计算机程序的等价性。"图灵等价"广泛应用于编程人员使用编程语言开发处理的某一事项。软件功能对用户而言是封闭的黑匣子，用户体验结果在于最终呈现的功能性。体验结果也许大抵相同，但其实现途径差别迥异，作品的创作过程不能被另一个创作者完美复制。软件开发实现途径丰富，对开发者创新实践过程施行全方位保护势在必行。

软件产品一定程度上的独立存在形式，离开了设备平台就失去了运行根基，软件与计算机或其他硬件设备相结合使用才能构成一种具体的技术方案。两者作为有机整体相辅相成，构成工具性的装置后才具备一定的技术效果，能够解决技术问题，体现其存在的价值。最终实现了对自然规律的间接利用，具备了软件产品的技术性和实用性。

（二）计算机软件的保护模式

在科技飞速发展的当下，受信息共享、传播便捷、侵权成本低等因素的影响，软件源代码的"再使用"和"逆向工程"等侵权行为屡见不鲜。目前，普遍使用的著作权、商业秘密、专利法等保护模式，在作用于各自领域的同时也接受着实践的检验。

计算机程序作为功能性作品在各国普遍使用著作权法予以保护。著作权设定的合理使用范围服务于社会公益，保护期限较长，申请程序简单易行。然而著作权的软件使用制度不够完善，使得侵权成本低廉，导致计算机软件价值大打折扣。其他开发者使用类似的设计逻辑，用不同计算机语言开发出技术效果相同的软件并不构成侵权。对于开发者而言，软件功能的确定和逻辑设计阶段同样重要，表达方式和设计方案本身都需要保护。版权法保护计算机软件效力有限，需要其他模式相互补充和配合。

商业秘密法依赖合同对签订双方的约束，包括软件开发过程的程序、文档、技术构思等。然而计算机软件开发环境特殊，研发人员广、开发周期长、传播介质多。商业秘密保护效力局限于甲乙双方，对第三方的约束效力较弱。尤其对于技术含量高、成熟度饱满、市场前景好的研究成果，这种全面覆盖的保护方法一定程度上阻碍了科技成果转化和社会推广。

专利法较前两者而言，要求软件对象以公开换保护，从设计思想到源代码以同领域技术人员实现为准。在众多学科中，计算机软件需作用于技术平台才能实现技术效果，对专利文案的申请提出了更高的要求。专利审查周期相对较长，2~3年的授权时间与软件的保护时效相悖。计算机软件需求迅速、经济时效短、更新速度快等特点，考验着知识产权体系的适用性。

二、知识产权保护的方法和建议

在影响软件产业发展的环境中，列在首位的是政策环境，需要制定合乎我国国情发展的软件专利制度。专利法的宗旨在于鼓励和促进科学技术的进步和公众创新。它所保护的智力成果要具有一定的技术性和创新性，使用某一技术方案解决了某一领域的技术问题。以此，需强化国民的保护意识，制定行之有效的软件专利保护措施，制定相应的法律法规，以适应和促进计算机软件行业迅速发展的趋势。充分发挥《知识产权法》在各项矛盾与冲突中的平衡与协调作用，统筹兼顾各方利益。

（一）知识产权多维度保护软件

在计算机程序的研发过程中，程序开发者历经从抽象构思到实现表达的三个层次，即需求规格层、编码表达层和处理逻辑层。需求规格层是软件的构思规划部分；编码表达层则是计算机的语言描述部分，内容以文字、图像等形式表达，是传统著作权法保护的客体；处理逻辑层处在研发表达阶段，包含该程序不同层次的组织结构和处理流程设计，也包含该程序的算法、数据结构、用户界面等部分。处理逻辑层保护的任务由知识产权体系完成。

软件实现阶段包含可行性研究报告、风险预测、系统框架设计、处理流程规划、算法设计仿真、系统组件交互接口、GUI（图形用户界面）等的搭建。知识产权体系中的专利分析、专利挖掘、专利检索、专利申请等对软件实现阶段进行全面系统的保护。软件设计中可申请专利保护的环节包括：设计文档、设计思想、设计技巧，以及技术方案本身包含的算法、程序、指令、软件、逻辑等。专利保护不仅停留在保护内容的表现形式上，还保护创新思维。

（二）计算机软件的作用平台

在机械、电学、通信等领域中，越来越多的技术性发明已不局限于传统的"产品"范畴，大都需要软件和硬件相结合予以实现，软件功能模块与硬件实体模块之间的界限变得越来越模糊。例如，在工业控制、电子设备、可编程逻辑器件等诸多应用领域中，计算机程序已取代了传统的物理操控，计算机程序实现阶段所涉及的硬件改进，减少了处理器的负担或对计算机的存储进行资源配置，均属于计算机程序的范畴而非制造了新的计算机。软件与硬件设备结合，将装置的概念更大范围延伸。将计算机软件以产品或装置的形式加以保护，使之符合专利授权的实体。同时，随着实体部件与虚拟部件交互关系复杂程度的提升，在撰写包含程序特征限定的产品专利申请时，如何清晰准确地获得保护范围，也为代理行业带来了更大的难度和挑战。

（三）专利申请文件的撰写要素

我国目前采用的审查标准相较欧洲专利局的标准，在实践中更为严格。代理人要想在计算机软件的专利保护中取得主动地位，必须要在专利申请文件的撰写和代理理念上不断提高专业素养，争取保护范围最大化。代理人需要对交底材料深入浅出地分析，明确申请保护客体，明确专利分类、进行专利检索，查验抵触申请，撰写说明书，依次明确技术领域、背景技术、发明内容、权利要求等编写任务，及时有效答复审查意见，促进专利授权工作有序进行。

用专利制度保护软件，首先需明确软件是否属于技术领域，是否为技术产品。涉及计算机程序的发明专利，若是与设备结合运行的程序，能够解决技术问题且遵循自然规律的技术手段，并具备获得符合自然规律技术效果的可实施例，即属于专利保护的客体。

我国使用的国际专利分类系统（IPC）是国际通用的专利分类系统。在"A~H"八个部的标题下，进一步分为大类、小类、大组、小组。与运算和计数有关的申请被分到了 IPC 大类 G06 下。其中大组"G06F9- 程序"控制装置和小类"G06F9/40"为用于执行程序的装置。

在撰写此类权利要求时，需要体现出所解决的技术问题和达到的技术效果，以技术手段描述技术特征，而非单纯呈现程序的源代码。权利要求的主题名称和内容避免使用软件、程序等名词，避免审查员直接认定为智力活动的规则和方法。包括软件技术特征等限定主题的权利要求，通常被认为是对软件本身的解释说明，而非描述一种技术方案，通常被排除在专利保护客体之外。

将解决方案的功能模块构架写成方法权利要求。根据交底材料明确计算机程序的实现过程，确定技术实现构成要素包括必要技术特征，按完成的技术效果划分为多个组成的逻辑或流程。说明书中以计算机程序流程为基础，按照信号处理的流向，以自然语言描述各功能模块的详尽功能、模块间的信息交互、各自实现的技术效果及解决的技术问题。权利要求描述包含特定技术特征和必要技术特征的主题。

软件作用与硬件设备是解决技术问题的实体装置，写成装置权利要求。权利要求描述装置的模块组成及各模块完成的程序功能，以及模块组成之间的连接和交互关系。说明书根据附图描述的装置硬件结构图详细描述硬件模块组成、模块关系、信号流向、参数大小等，以本领域的技术人员能够实现的为准。说明书中要描述作用于硬件装置的软件设计流程图，若涉及对计算机装置硬件结构做出改变，说明书中应具体描述技术实现的可行性和改变优势。

（四）建立协同作用保护格局

计算机软件本身具备技术性和作品性的双重性质，其创新型想法或智力劳动的成果可通过不同方式进行保护。为了更好地保护创业创新成果，促进科技技术健康快速发展，需要建立以知识产权保护体系为基础，联合著作权、商业秘密、商标法等法律法规协同作用的保护格局。知识产权保护全面覆盖，《著作权法》通用于作品描述，商业秘密平衡供求双方，商标法打造品牌形象促进创新成果转化和市场推广，这些政策方法有机结合，构成对计算机软件全面护航的保护体系，提高我国计算机软件设计行业的自主创新积极性，发掘创新人才，调动全社会的创新创业积极性。

当今社会科技改变世界。计算机软件作为科技创新的主体，是国民经济和社会信息化的重要基础。建立以知识产权为基础的协同作用保护体系，不断提高专利服务行业的专业素养，为科技创新提供高质量的服务，推动软件产业快速健康发展。发扬计算机及其软件作为科技发展的核心力量，发挥科技创新作为提高社会生产力和综合国力战略支撑的优势。推进理论创新、实践创新、制度创新、文化创新等各方面的有机结合，鼓励形成创新的良好社会氛围。高度重视战略前沿技术发展，通过自主创新掌握主动。增强全民创新意识，最大限度释放创新人才的发展潜能，让创新创业在全社会蔚然成风。

第三节　计算机软件安全漏洞检测

本节针对计算机软件安全漏洞检测分析论题，阐释了计算机软件安全漏洞概念，分析了计算机软件安全检测现状，指出了计算机软件安全漏洞检测范畴，提出了完善计算机软件安全检测的对策。

一、计算机软件安全漏洞概念

计算机安全漏洞是指一个系统存在的弱点或缺陷，系统对特定威胁攻击或危险事件的敏感性，或进行攻击的威胁作用的可能性。漏洞可能来自应用软件或操作系统设计时的缺陷或编码时产生的错误，也可能来自业务在交互处理过程中的设计缺陷或逻辑流程上的不合理之处。

这些缺陷、错误或不合理之处可能被有意或无意地利用，从而对一个组织的资产或运行造成不利影响。如，信息系统被攻击或控制，重要资料被窃取，用户数据被篡改，系统被作为入侵其他主机系统的跳板。从目前发现的漏洞来看，应用软件中的漏洞远远多于操作系统中的漏洞，特别是 WEB 应用系统中的漏洞更是占信息系统漏洞中的绝大多数。

二、计算机软件安全检测现状

（一）针对性不强

现阶段，有相当数量的检测人员并不会按照计算机软件的实际应用环境进行安全监测，而是实施模式化的检测手段对计算机的各种软件展开测试，导致其检测结果出现偏差。毫无疑问,这种缺乏针对性的软件安全检测方式,无法确保软件检测结果的普适性。基于此,会导致软件中那些潜在的安全风险并未获得根本上的解决,以至于在后期给人们的运行造成不利影响。检测人员应当针对计算机使用用户的需求、计算机系统及代码特点等,并以软件的规模为依据,选择最为恰当的一种安全检测方法。只有这样,才能够提高检测水平,使用户获得优质的服务。

（二）长期存在被病毒感染的风险

现代病毒可以借助文件、邮件、网页等诸多方式在网络中进行传播和蔓延,它们具有自动启动功能,常常潜入系统核心与内存为所欲为,甚至造成整个计算机网络数据传输中断和系统瘫痪。

（三）缺乏对计算机内部结构的分析

在对计算机软件的安全监测过程中,应当对软件的内部结构实施系统分析,方能体现检测过程的完成性。然而,由于许多的检测人员对计算机软件的内部结构所知甚少,缺乏系统的认知与检测意识,使得在面临安全性问题时,检测人员无法第一时间对所发生的问题展开及时处理,最终导致计算机软件运行不稳定。

三、计算机软件安全漏洞检测范畴

（一）安全动态检测技术研究

1. 非执行栈技术。由于内部变量特别是数组的变量都存在于栈中的,所以攻击者可以向栈中写入恶性代码,之后找办法来执行此段代码。防范栈被攻击最直接的就是让栈不可以执行代码。只有这样才能使攻击者写在栈中的恶意代码不能被执行,从一定程度防止了攻击者。2. 非执行堆和数据技术。堆主要是在程序运行的时候动态分配内存的一个区域,数据段却是在程序编译的时候就经初始化了。堆与数据段如果都不可以执行代码,那么攻击者写入它们当中的恶性代码就不能执行。3. 内存映射技术。利用以 NULL 结尾的一些字符串来覆盖内存,是有些攻击者常用的方式。利用映射代码页的方法,便可以使攻击者较为困难地使用以 NULL 结尾的那些字符串顺利跳转到比较低的内存区当中。4. 安全共享库技术。有些安全漏洞主要是源于利用了一些不安全性的共享库。安全共享库技术可以在一定程度上防止攻击者所展开的攻击。5. 程序解释技术。从实践来看,当前技术效果最为显著的一种方法是在程序完成后,对该程序行为进行监视,并强制对其进行安全检测,此时需要解释程序的一些执行。

（二）安全静态检测技术的研究

1.漏洞分类检测。安全漏洞的分类方法是多种多样的。按照已有的方法分类，漏洞会分为几个非常细致的部分，绝大多数的检测技术可以覆盖的漏洞相对零散、分散，难以在漏洞类型上找到它们所共有的特点。因此，为了方便比较，可将漏洞分类为安全方面的漏洞与内存方面的漏洞。2.静态检测技术。静态分析方法主要是对程序代码进行直接扫描，并提取其中的关键语法和句式，通过解释其语义来理解程序行为，然后在严格按照事先预设的漏洞特征及计算机系统安全标准的基础上，对系统漏洞进行全面检查。

四、完善计算机软件安全检测的对策

（一）模糊检测

模糊检测的技术基础依赖于白盒技术，由于白盒技术可以较为高效地继承模糊检测与动态检测的综合优点，其检测效果也比较准确。

（二）以故障注入为背景的安全性检测

这种检测方法的关键就在于构建故障树。该检测法可以把软件系统中发生故障率最小的事件先当成是顶层事件，接着再依次明确中间事件、底层事件等，最后，就能够通过逻辑门符号来完成对底层事件、中间事件以及顶层事件的连接，构建故障树。该检测法的优势就在于能够实现对故障检测的自动化，可高效地体现故障检测的效果。

第四节　计算机软件中的插件技术

插件技术存在的主要目的就是在不对计算机软件进行修改调整的基础上对软件的使用功能进行拓展与调整。插件技术可以从外部提供给应用程序相应的接口，并且通过接口的相关约定为应用软件提供所需要实现的功能。本节主要针对插件技术及其在计算机软件中的运用进行探析。

插件技术是当前计算机软件开发中使用广泛的技术之一，有效扩展了计算机软件的开发范围，为计算机软件开发提供了便捷与高效。插件技术的使用不仅可以实现多人一同开发计算机软件，同时还能够显著减少软件开发的工作量，使得软件的使用与后期维护更加便捷。

一、插件技术及其类别

插件技术不同的应用目标可以由不同类型的常见技术来实现。主要可以分为三个类别：第一，聚合式插件。聚合式插件是插件技术中较为普遍，也相对简易的一种类型。其可以使用当前已有的程序来进行插件的制作，能够十分彻底地体现聚合式插件的应用特点与优势。聚合式插件的自由度相对较高，用户可以根据需求设计端口对应用软件进行处理，使得插件与应用软件的关系更加紧密，信息数据沟通更加方便快捷。例如，当需要制作某款计算机软件的插件时，编程人员能够创建不同端口对软件中的资源数据进行访问，并通过数据优化插件制作。第二，脚本式插件。脚本式插件是插件技术类型中对技术含量要求相对更高的类型。编程人员在制作脚本式插件的时候也需要使用到较高的专业技能。脚本式插件在使用过程中不需要使用其他软件辅助即可以独立完成软件的制作。第三，批处理式插件。这一类型插件技术的运用范围最为广泛，主要特点是操作简易，不需要过高的专业技能即可操作。属性多为文本文件，即使不是十分专业的编程人员也可以对插件进行操作。相对于聚合式插件以及脚本式插件来说，批处理式插件的自由度较低，在实际操作过程中必须要按照程序的每个步骤来进行，不得任意调整或删减。

二、计算机软件中的插件技术

（一）插件技术在计算机软件中的优势

插件技术应用在计算机软件中是非常有必要的。应用软件的插件与插件之间是相互独立、不受干扰的。结构独立灵活，可以根据计算机软件的使用需求进行调整或删除，使计算机在维护与管理上更加便捷。插件的构成部分就是一系列更小的插件功能，集中统一向外部提供所需服务，所以插件具有可复制性。如需要调整软件结构只需要删除相关插件即可，大大减少了软件调整的不便。

（二）插件技术的具体运用

1.Java 虚拟机

Java 虚拟机插件即为 Java Virtual Machine，其是一个非实物的、虚拟的计算机程序。在使用中 Java 虚拟机插件可以被使用到计算机当中用以模拟不同计算机的功能。Java 虚拟机插件的结构相对完善，能够完整地实现数据传递、信息处理、信息命令执行以及信息存放等常用功能。如用户要在互联网中访问非普通网站，则可以利用 Java 虚拟机插件来获取非一般网页的素材。

2.3DWebmaster 网上虚拟现实

一般网络环境的虚拟场景建设均是使用 3D 技术实现的，3D 技术耗时长、人工消耗大、制作效果也差强人意。基于此背景 SuperScape 设计了一款专门用来构建虚拟环境的插件，即为 3DWebmaster。与此同时，还根据浏览器所展现的浏览效果增加了强化效果插件 VisCape。两种类型的插件配合使用可以高效地被运用在虚拟场景的构建中，充分运用计算机的超强运算能力让用户在通过浏览器观看虚拟现实场景变得更加身临其境。

3.Acrobat Reader 网上文学阅读

Acrobat Reader 是由 Adobe 公司开发的网络文学阅读应用插件程序。用户在使用该程序的时候可以读出 PDF 格式的文件，并且还可以根据需求进行打印。并且文档中能够留存文本格式。如用户浏览器中安装了 Acrobat Reader 插件，浏览器也不会显示相关信息。假如用户在使用浏览器的时候要阅读 PDF 格式的文件，则浏览器可以自动打开 PDF 格式文件。

总的来说，对于现代计算机及其应用来说，计算机软件的应用与开发是计算机发展的重要内容。在计算机软件开发探索的过程中插件技术是不可忽略的重要部分。对插件的类型、插件优势以及插件的应用进行分析可以使得插件更好地被运用到计算机软件的使用中来，并且提高软件的开发、使用过程中的有效性，降低软件开发成本，更好地满足用户对各类计算机的使用需求。

第五节　计算机软件开发语言的研究

随着经济的不断发展，科技水平的不断进步，网络的不断拓展和优化，人们的生活水平不断提高，越来越多的人对物质文化要求越来越高，使得计算机已经成为人们生活中不可缺少的娱乐工具、学习工具、影音工具。而计算机软件则扮演着重要的角色，不断地丰富着人们的物质文化生活。每一款计算机软件都是使用一种或者几种计算机语言开发而成，每一种软件开发语言都有其特点和应用范围，而适当的选择计算机开发语言能够减少开发者的工作量，并且能够给软件使用者带来不一样的使用效果。

作为软件开发过程中的支撑者，软件开发语言起着决定性的作用，从历史上看，计算机软件开发语言经历了从低级到高级，由不完善、不成熟到逐渐完善和成熟的发展历程。纵观计算机软件开发语言的成熟和完善历程，其主要经历了从面向过程的计算机软件开发语言，到面向对象的计算机软件开发语言，再到面向切面的计算机软件开发语言的三个发展阶段。每一个发展阶段的计算机软件开发语言都有着与当时环境相辅相成的特征。

一、编程语言概述

编程语言即计算机语言指用于人与计算机之间通讯的语言。计算机语言是人与计算机之间传递信息的媒介。计算机系统最大特征是指令通过一种语言传达给机器。为了使计算机进行各种工作，就需要有一套用以编写计算机程序的数字、字符和语法规划，由这些字符和语法规则组成计算机各种指令（或各种语句）。这些就是计算机能接受的语言。

从计算机产生到如今，已经发展出很多种计算机语言，总的来说可以分成机器语言、汇编语言、高级语言三大类。其原理是计算机每做的一次动作、一个步骤，都是按照已经用计算机语言编好的程序来执行的，程序是计算机要执行的指令的集合，而程序全部都是用我们所掌握的语言来编写的。所以我们是通过向计算机发出相应的命令来操控计算机。通用的编程语言有两种形式：汇编语言和高级语言。汇编语言和机器语言在本质上是相同的，都是直接操控已有的计算机硬件，只是采用了不相同的计算机指令而已，便于人们容易识别和记忆。这样就可以使得源程序经汇编生成的可执行文件占有很小的存储空间，并且拥有很快的执行速度。

如今，大多数程序员都选择高级语言来开发软件。和汇编语言相比，它拥有简单的指令，去掉了与实际操作没有关系的细节，能够更好更快地操作计算机硬件，大大简化了程序中的指令。同时，由于省略了很多细节，编程者不需要有太多的专业知识，并且可以易于理解和记忆。

高级语言主要是相对于低级语言而言，它并不是特指某一种具体的语言，而是包括了很多编程语言。如，流行的 C++、Java、C#、Physon 等，这些语言的语法、命令格式都各不相同。高级语言所编制的程序不能直接被计算机识别，必须经过转换才能被执行，按转换方式可将它们分为两类：解释类和编译类。

二、几种编程语言介绍

（一）C 语言

C 语言是 Dennis Ritchie 于 1969 年~1973 年间创建的，它被设计成一个比它的前辈更精巧、更简单的版本，它适于编写系统级的程序，比如操作系统。而在此之前，操作系统是使用汇编语言编写的，且不可移植，而 C 语言却使得一个系统级的代码编程成为可移植的。其优点为可以编写占用内存小的程序，并且运行速度快，很容易和汇编语言结合，具有很高的标准化，可以在不同平台上使用相同的语法进行编程。相对于其他编程语言，如 C# 和 Java，C 语言为面向过程语言，而不是面向对象语言，并且其语法有时候非常难于理解，在使用的个别情况下会造成内存泄漏等问题。

（二）C++ 语言

C++ 语言是具有面向对象特性的 C 语言的继承者。面向对象编程，或称 OOP 的下一步。OO 程序由对象组成，其中的对象是数据和函数离散集合。有许多可用的对象库存在，这使得编程简单得只需要将一些程序"建筑材料"堆在一起。其跟 C 语言相似，并且可以使用 C 语言中的类库等，但它比 C 语言更为复杂。

Java 是由 Sun 最初设计用于嵌入程序的可移植性"小 C++"。在网页上运行小程序的想法着实吸引了不少人的目光。事实证明，Java 不仅适于在网页上内嵌动画——它是一门极好的完全的软件编程的小语言。"虚拟机"机制、垃圾回收以及没有指针等使它成为很容易实现不易崩溃且不会泄漏资源的可靠程序。Java 从 C++ 中借用了大量的语法，它丢弃了很多 C++ 的复杂功能，从而形成一门紧凑而易学的语言。现在的人多数都用它来开发网页、服务器等，还有我们每个人都在使用的安卓手机软件也是用 Java 语言开发的。

（三）C#

C# 是一种精确、简单、类型安全、面向对象的语言。其是 .Net 的代表性语言。什么是 .Net 呢？微软前总裁兼首席执行官 Steve Ballmer 把它定义为：.Net 代表一个集合，一个环境，它可以作为平台支持下一代 Internet 的可编程结构。

C# 的特点：

1. 完全面向对象。

2. 支持分布式。

3. 自动管理内存机制。

4. 安全性和可移植性。

5. 指针的受限使用。

6. 多线程。

和 Java 类似，C# 可以由一个主进程分出多个执行小系统的多线程。

C# 是在 Java 流行起来后所诞生的一种新的程序开发语言。

三、如何选择编程语言

面对形形色色的语言，初学者不知道如何去选择，经常听别人说：语言只是一种工具，会用就好；还有人说，学习一种语言，精通了，再学其他语言就非常容易了。的的确确，语言只是一种工具，就像在不同的场合穿不同的衣服一样，在不同的环境、做不同的项目、实现不同的功能时选择一种对的语言对软件开发者有很大的帮助。具体应选择什么样的语言要在软件的实际开发过程中做决定，像一些新兴的语言，比如 QML、XAML 语言，很多开发者都用它来写软件界面，以达到炫酷的效果，给使用者以较好的视听体验。

对于软件编程来说，选择软件开发语言尤其重要。选择正确的软件开发语言能够让你在软件开发过程中节省不必要的麻烦，提高软件开发效率和软件运行速度，并能够给用户带来良好的体验感和视听效果。

第三章　计算机软件开发

　　随着经济的发展和科学技术水平的提高，计算机技术在我国社会的各个领域得到了广泛的应用，并为社会的发展进步带来了积极的促进作用。计算机技术的发展与计算机软件的开发息息相关，可以说，计算机软件为计算机技术的使用奠定了一定的基础。因此，随着计算机技术的不断发展和普及，人们开始愈发关注计算机软件的开发。在计算机软件开发过程中，基础架构原理发挥着极为重要的作用。因此，在基础架构原理理论方面研究的进步显然可以为计算机软件的开发带来积极的促进作用。本节围绕计算机软件开发的基础架构原理展开分析探讨，希望可以为丰富计算机软件开发的基础架构原理理论提供一定的借鉴参考作用，以便推动计算机软件开发工作的健康发展。

　　社会经济的发展为我国科学技术的发展提供了一个可靠的物质发展基础，使得我国计算机软件技术得以迅速发展壮大起来，并在社会的各个领域发挥重要作用，为我国社会发展进步做出了不小的贡献。从世界范围来看，计算机技术的诞生时间较晚，而我国也及时抓住了发展计算机技术的机遇。因此，我国的计算机软件技术水平基本上与其他国家相差不大。但是，从计算机软件技术的长远发展来看，只有不断提升计算机软件的设计水平，才能不断为计算机软件的开发注入新的发展活力。而单纯依靠技术上的进步解决这一问题显然是不够的，立足于计算机软件开发的基础架构原理也是十分关键的一点，从而通过科学合理的计算机软件开发的基础结构原理，为计算机软件设计在效率和性能上的提升带来积极的促进作用。

一、计算机软件开发概述

（一）计算机软件开发的概念性解读

　　在计算机并未产生的早期，也不存在计算软件开发这个概念的。但是，随着晶体管的不断发展以及集成电路的广泛应用，为计算机的诞生奠定了良好的基础，随着计算机技术的应用范围的扩大，计算机软件这个概念逐渐被重视起来。当前，计算机软件的开发主要分为两个方向，即一个是先开发后寻市场，一个是先分析市场需求再进行开发。

（二）计算机软件开发的特点

计算机软件开发主要具有两个特点，一个是持续性，一个是针对性。因为计算机软件自身具有的很大的提升空间，所以完美无缺的计算机软件是不存在的，这也是为什么计算机软件开发具有一定的持续性。适应市场的需求和满足企业发展的各项需求是当前计算机软件开发的一般性主导因素。因此，计算机软件在开发过程中针对性也十分突出。

二、计算机软件开发的基础架构原理分析

随着社会的不断发展，对于计算机软件的各项功能也提出了更高的要求。为了紧跟时代发展潮流，同时也为了更好地服务于人民的社会生活，计算机软件的应用范围也在不断拓宽，与此同时，人们对计算机软件开发相关的内容投入的关注度也在与日俱增。在计算机软件开发过程中，基础架构原理发挥着至关重要的作用，是直接影响开发出来的计算机软件的一个非常重要的因素。因此，现实社会中对计算机软件开发的基础架构原理的探索与研究具有深远意义。基于此，本节对计算机软件开发的基础架构原理展开了积极的探讨，在整体把握计算机软件开发的相关概念的基础上，从基础结构的需求、编写以及测试和维护方面对计算机软件开发的基础架构原理展开了详细的分析，希望可以为计算机软件开发工作的进行带来一定的借鉴和参考作用。

（一）基础架构的需求

在计算机软件开发的过程中，首先要做的同时也是极为关键的一步工作便是对软件本身的需求进行分析。因为，受到企业经营项目、运营方式以及管理方式等因素的影响，用户在对计算机软件的设计需求上也会不尽相同。因此，在决定对一款计算机软件进行开发之前，做好充足的计算机软件设计需求分析工作非常必要。只有掌握了用户在软件上的需求方向，设计主体才有可能提高计算机软件设计的针对性，使软件在功能上可以更好地满足用户需求，同时适应市场发展的需要。可以说，在计算机软件开发过程中，基础架构的需求分析对于计算机软件设计方向以及成功与否具有直接性的影响。

（二）基础架构的编写

在做好了有关软件开发的需求方面的工作后，接下来要做的便是以最终决定的设计需求为依据，开展一系列的编写软件的工作。在当前使用的众多编程语言中，其中 C 语言的使用频率最高，这与其具有的突出的结构性、优秀的基础架构等特点密不可分。因为这些优越的特性，所以可以为设计主体在对后续的编程工作的处理上提供不少便利之处。在软件实际编写过程中，其实是本着"分—总"的原则进行的。所谓"分"，即基于计算机软件的结构特性，将整体的计算机编写工作划分为几个模块，然后每个团队专门负责一个模块的程序编写工作。在所有的模块编写工作完成后，最后要做的工作便是所谓的"总"，即最后通过总函数，将这些分散的模块编写连接成软件功能的整体。这种编程原则，不仅可以确保计算机软件开发的效果，还可以极大地提高计算机软件的编程工作效率。

（三）基础架构的测试和维护

一般情况下，设计完成的计算机软件是不能立即投入实际使用的，因为，最初开发的计算机软件与原本的目标要求或许还存在一定差距。如果不经过相应的处理，就将设计好的计算机软件立即投入到使用中，不仅会对计算机软件本身造成很大的损害，而且还可能会给企业带来不小的损失。因此，对于软件的测试和维护工作也同样十分重要。在传统的测试方法中，一般是将几组确切的数据输入软件中，如果计算机软件得出的结果与预期已知的结果一致，那么计算机软件本身便没问题。但是，这种传统的测试方式存在一定的偶然性。因此，设计主体也设计了具有针对性的科学合理的测试计算机软件的专用软件，从而为计算机软件的合理性和正确性提供了确切的保障。

第二节　计算机软件开发与数据库管理

计算机软件是系统运作的核心，数据库管理是它的内在支持，只有极大程度上发挥二者的有利作用，才能够促进计算机技术的进步。本节从介绍计算机软件开发入手，详细介绍计算机软件开发和数据库管理中存在的问题，提出了相应的解决措施，以期为当前计算机行业提供帮助。数据库管理作为计算机的内在核心，其运行效率直接影响计算机作用的发挥。所以，为了更好地促进社会发展、为人们生活提供便利，必须高度重视计算机软件开发以及数据库管理工作。

一、关于计算机软件技术的开发与设计

（一）计算机软件技术的开发

计算机软件开发主要包括两个方面，系统软件和应用软件。所谓系统软件开发主要是开发计算机与用户使用界面等相关软件，是为解决某些实际问题而进行的开发工作。通过开发工作进行任务的配置，从而增强对数据库管理系统、操作系统的管理。应用软件开发是在系统配备完成后进行分段检验，为用户的计算机设备提供更多操作性软件。另外，对于计算机软件开发后要进行一定的评估，采用科学的手段，做好相关的质量把控工作，在试用无误后方可投入使用。

（二）计算机软件技术的设计

1.软件程序的设计与编写

计算机软件开发首先是进行软件设计，这是整个过程最基本的环节，软件设计的水平直接影响软件的应用程度。软件设计环节通常包括功能设计、总体结构设计、模块设计等。在设计软件过程完成之后便要进行程序的编写。编写工作要依据完成的软件设计结果进行，这是计算机软件开发过程中的重要环节。编码程序的顺利完成取决于科技水平、工作人员的专业水平等多种因素，其过程的完善有助于提高工作效率。

2.软件系统的测试

在编程工作完成后，不能立即投入运用，还需要对软件进行测试。要将编写程序试用于部分用户，然后评定每个用户的满意度，这样整个软件设计才算完成。然而，这并不代表软件开发的彻底完成，投入的软件还需要根据市场客户反馈情况不断升级更新，只有这样才能进一步保证软件的有效运行。

（三）计算机软件开发的真正价值

在软件开发过程中，计算机软件价值的实现要以在计算机软件开发期间已掌握的要求和问题为导向，将需求分析放在开发软件的最前面，满足最初设计的需求。所以，对计算机软件开发来讲，首先要做到准确无误的需求分析，能够满足大众需求，为广大用户提供服务，只有被广大人民群众认可的软件，才能实现其真正的价值。而不符合需求的软件系统，即便科技人员研发出来也没有使用价值，并且浪费社会人力物力财力。此外，还必须尽可能确保软件开发过程中的专业化和流水线作业，确保软件开发拥有足够的软件基础、硬件基础和技术支持，能够辅助开发者完成软件开发，为软件的开发项目提供一定的物质保证和技术条件，确保资金充足以及优良的外界环境，从而实现软件开发的使用价值，最大限度地体现出软件开发的效益。而数据库管理作为软件开发的核心环节，只有开发出的软件有价值，数据库的管理才能实现其价值。

二、关于数据库的管理

随着科技应用的普遍化，用户对软件系统的需求也不断提高，体现在软件要不断更新与创新，当前软件产品满足用户的需求为导向，市场品种不断增多，已经从原来的单层结构走向多层次发展。但是，产品增多的同时用户也对软件系统的存储安全等提出了更高的要求。因此，数据库系统的成功建立为计算机的安全提供了保障。

（一）数据库管理的概念及应用技术

数据库管理是计算机系统中一个重要部分，数据库管理主要是指在数据库运行过程中，确保其正常运行。它的内容主要包括：第一，数据库可以对各部分数据进行重新构建、调试，并且根据总系统服务中心所要求的内容重新归类，并按照其属性重新整合数据。还可以将它们重新打乱，进行数据重组。第二，数据库可以识别数据的正确性，并根据错误数据查找原因，并及时做出修正。还可以将信息进行汇总，将容易出现问题的部分进行备份。第三，数据库的综合性能很强，它可以以企业或者部门为选择的单位，然后以其数据为中心形成数据组织。以数据模型为主要形式，在可以描述数据本身的特性之外，还可以科学描述数据之间的联系。第四，由于不同的用户有不同的处理要求，数据库能够根据用户所需从中选取需要的数据，从而避免数据的重复存储，也便于维护数据的一致性。总之，数据库统一的管理方式，不仅提高了工作效率，也保证了数据的安全可靠。

（二）计算机软件开发在数据库管理中存在的问题

数据库管理对于计算机软件开发的重要性不言而喻。但是数据库管理并不是十全十美的，其运行过程中也会产生相应的问题。一般而言，计算机软件开发在数据库管理中存在的问题有以下几个方面：首先，管理人员操作不当。在软件开发中有些管理人员自身专业知识欠缺，又急于求成，数据难免出现问题。在开发过程中，有些数据库管理人员不能严格遵循操作规程和数据库方法，会造成不同程度的数据安全以及泄漏问题，影响数据库的正常稳定运行。其次，操作系统中存在的问题。在系统操作过程中，其本身就存在着一些风险来源。比如，用户的不当操作，可能会造成计算机感染大量的病毒，造成木马程序的入侵，如果在操作过程中，这些病毒一起发作就会直接影响数据库的运行。再加上一些别有用心人的访问,影响了数据库信息的安全,造成了一些重要信息的外泄。第三,数据库系统出现问题。其一定程度上阻碍了计算机系统的正常工作。比如,网络信息安全的问题,其问题原因是数据库管理不当。

（三）解决计算机软件开发中数据库管理问题的对策

针对数据库管理产生的问题,必须做好数据库的安全管理工作。网络应用逐渐普及的同时也产生了一些负面影响,社会上的一些不法分子为牟取暴利,利用掌握的网络技术,窃取用户重要信息,给用户带来了经济损失等事件频繁发生,加强数据安全工作势在必行。首先,用户可使用加密技术,加强对重要信息的加密处理工作,充分保护数据。同时也要做好数据库信息可靠性和安全性的维护工作,在加强人们数据安全意识教育的同时,努力做好数据的安全维护,对重要的数据库信息进行定时的备份,以免数据丢失或者出现故障,对用户造成不必要的损失。其次,要进一步加强管理访问权。在访问权方面,需要高度重视储存内容的访问权限问题。要想对用户实现实时动态的管理,后台管理员必须做到能够随时调动访问权限。最后,要采取各种防护手段保证系统的安全性,还要保证系统的维护管理保持在一个较高的水平。数据库的数据整合能力以及维护能力直接决定了维护水平的高低。从技术层面,尽可能配备先进的、具备较高安全性的防护系统;从人员上,必须配备具备较高技术水平的数据库管理和维护人员。

综上所述,针对计算机软件技术在社会发展中的重大作用,我们必须做好计算机软件技术的开发与设计,真正体现我国科技发展的优越性,进一步促进计算机软件技术的发展,为我国科技进步做出贡献。

第三节 不同编程语言对计算机软件开发的影响

科技进步带动了计算机发展的步伐,随着计算机的普及,软件开发的与时俱进推动了编程语言种类的多元发展。软件开发人员在选择编程语言时,需围绕内外部环境结合行业特征、结合整体结构特征等原则,确保编程语言的优势、软件开发人员的技术专业性得以充分发挥,提升软件开发效率的同时,确保计算机软件性能优良,从而提高市场占有率。

编程语言在计算机软件开发中起着关键作用,不同的编程语言优势不同,适用范围也不同,其属性语言种类等直接决定计算机软件开发效率与产品品质。为减少各种编程语言对计算机软件开发的负面影响，开发技术人员必须深入了解各编程语言在软件开发中的作用与适用范围，并针对性应用，实现计算机软件产品质的飞跃。

一、编程语言在计算机软件开发中的应用原则

（一）综合内外部环境

开发计算机应用软件时应注重外部硬件设施，确保软件开发的物质基础。程序编制语言选择尤为关键，应充分考虑整体结构、环境要求、编程语言特点合力应用。并围绕行业、领域特征以及工作要求选择编程语言，确保其匹配优良程度，减少硬件更换对软件应用的影响。为扩大软件的实用性，需围绕环境要求、时代发展对软件开发要求等选择语言。

（二）综合应用领域及行业特点

围绕软件应用的领域或行业特征选择编程语言，C语言、C++语言适用于简单软件编写，Java语言、Pascal语言适用于复杂软件编写。例如，通信领域适用于C++语言编写，商业领域适应于Java语言、PROLOG语言等编写。应尽量减少编程语言对不同领域行业软件应用的负面影响。

（三）综合整体结构特征

围绕项目目标选择编程语言编写软件，整体结构对各类编程语言的转换便携限制度不同，可围绕软件功能合理编写。综合分析信号处理、图像处理等确保软件编写为静态语言。

（四）根据个人专长选择

编程语言角度众多，且优势不同，为确保软件开发、后期维护效率，尽量选择符合个人专长的语言设计软件，在节省工作量、精力的同时，有效掌握开发周期、完成时间和预算。软件编写中可根据以往经验规避漏洞隐患，提高软件应用的稳定性与安全程度。

二、编程语言对计算机软件开发的影响

（一）C语言影响

C语言是最早的软件开发设计的编程语言，程序员普遍对C语言了解。但随着软件开发要求的增加，目前选择利用C语言编写的软件微乎其微，与C语言局限性影响有关。C语言是一种面向过程的程序设计的编程语言，利用其编写软件，需细

分算法设计环节的事件步骤，计算机软件功能越发繁琐，软件功能实现就会面临着复杂的语言编写功能，再加之事件步骤细分，工程量庞大，开发难度直接扩大。

（二）C++语言影响

C++语言比C语言适用范围广，软件功能实现的程序编写过程更加简化。但是在现代化的计算机软件开发中，C++语言也具有与C语言一样的局限性，较差计算机软件开发花费的时间长，通常需由多人协作完成，模块化程序间的联系程度、兼容性较差，直接决定了软件开发的效率与质量不高。

（三）Java语言影响

Java语言编写软件程序比C语言、C++语言更加简捷，软件功能实现效果相对理想，但Java语言在软件开发中也存在局限性。Java语言可轻松制作基础图形渲染效果，但高级图形渲染制作实现效果不理想。同时计算机部分软件、Java语言间存在冲突，基于此利用Java语言编写软件程序，难免会对软件开发产生不同程序的负面影响。

（四）Basic影响

当前的Basic语言已经不是主流，掌握Basic语言的人数逐渐下降。但Basic版本在不断拓展，如PureBasic、PowerBasic等，且Basic语言在各应用行业、领域的作用不可忽视，如Synlbian平台的应用等，趋势不可逆转。Basic语言对计算机软件开发的影响虽然逐渐减少，但计算机软件对Basic语言的应用需求从未降低。

（五）Pascal影响

纯Pascal语言编写的软件微乎其微，应用范围越发狭窄，如Pascal编写的苹果操作系统，已经逐渐被基于Mac OS X的面向对象的开发平台的Objective-C、Java语言代替。Delphi在国内电子政务方面操作系统有着广泛应用，如短信收发、机场监控等系统。最大的影响是轻松描述数据结构、算法，同时培养独特的设计风格。

应用于计算机软件开发的编程语言种类多样，不同编程语言对计算机软件开发的影响主要体现在对软件整体规划、软件开发者专业技能、软件开发平台适用、用户使用软件兼容性等方面的影响，对此在选择语言时需注意整体内外环境、应用的行业及领域等方面问题，确保软件的实用性。

第四节　计算机软件开发中软件质量的影响因素

伴随社会经济的飞速发展，计算机软件在诸多行业领域得到广泛推广，人们对计算机软件的运行速度、实用性等也提出了越来越高的要求。本节通过分析计算机软件开发中软件质量的影响因素，对计算机软件开发中软件质量影响因素的应对提出加大计算机软件开发管理力度、严格排查计算机软件代码问题、提高软件开发人员的专业素质等策略，旨在为研究如何促进计算机软件开发的有序开展提供一些思路。

计算机已经进入人类生产生活的各个领域，计算机软件作为人与硬件之间的连接枢纽，同样随着计算机进入人类生产生活的方方面面。计算机软件的发展历程，某种程度上即为信息产业的发展历程。计算机软件的不断发展，提高了社会生产力，改善了人们的生活水平，增强了现代社会的竞争。在计算机软件开发过程中，务必要充分掌握影响软件开发质量的因素，并结合各项因素采取有效的应对策略，真正意义上提高计算机软件开发质量。

一、计算机软件开发中软件质量的影响因素

（一）计算机软件开发人员缺乏对用户实际需求的有效认识

确保计算机软件开发质量，要充分掌握用户对计算机软件的实际需求，否则便会使计算机软件质量遭受影响，进而也难以满足用户对软件提出的使用需求。出现这一情况的主要原因在于，在计算机软件最初开发阶段，开发人员未与计算机软件用户进行有效交流沟通。因而唯有在此环节提高重视，并在计算机软件开发期间及时有效调试计算机软件，方可切实满足用户在软件使用上的需求。

（二）计算机软件开发规范不合理

计算机软件开发是一项复杂的系统工程，而在实际软件开发过程中，却存在诸多没有依据相关规范进行开发的情况，使得原本需要投入大量时间才能完成的开发工作却仅用小部分时间便完成了，使计算机软件开发质量难以得到有效保证。

（三）计算机软件开发人员流动性大、专业素质不足

在计算机软件开发过程中，开发人员可能受各种因素影响而脱离岗位。相关调查显示，软件开发行业存在较大的人员流动性，该种人员流动势必会使得软件开

受阻，对软件质量造成不利影响。虽然在软件开发人员离开岗位后可迅速找到候补人员，然而候补人员融入软件开发团队需要花费一定时间，由此便为软件开发造成进一步影响。此外，软件开发人员还应当具备较高的专业素质。伴随计算机软件行业的不断发展，从业人员不断增多，然而整体开发人员专业素质还有待提高。

二、计算机软件开发中软件质量影响因素的应对策略

（一）加大计算机软件开发管理力度

在计算机软件开发前，明确及全面分析用户实际需求至关重要。软件开发人员应当从不同方面、不同角度与用户开展沟通交流，依托与用户的有效交流可了解到用户的切实需求，进而在软件开发初期便实现对用户需求的有效掌握，为软件开发奠定有力基础。在计算机软件开发过程中，倘若出现因为开发前期沟通不全面或后期用户需求发生转变等情况，则应当借助止损机制、缺陷管理对软件开发工序、内容等进行调整。除此之外，对用户需求开展分析，应按照需求的差异做不同分类，进而进行逐一满足、修改。应当真正意义上实现对用户需求的有效分析，结合用户需求建立配套方案，并且要提高根据用户需求转变而实时动态调整方案的能力，如此方可为计算机软件开发提供可靠的质量保障。

（二）严格排查计算机软件代码问题

在通常情况下，计算机软件引发质量问题往往与软件代码存在极大的关联。因此，要想保证计算机软件开发质量，就应当提高对代码问题处理的重视。要求软件开发人员在日常工作中应当严格对计算机软件代码进行排查，并提高重视程度，进而在保证软件代码正确的基础上进行后面的开发工序，切实保证计算机软件开发的质量。通过对软件代码问题的严格排查，软件开发人员能够找出代码问题、确保软件质量，同时还有助于软件开发人员形成严谨的思维方式，养成良好的工作习惯，提高对技术模块内涵的有效认识，提高计算机软件开发的质量、效率。

（三）提高软件开发人员的专业素质

高素质的开发团队可确保开发出高质量的产品，同时可提高企业的效益及企业的形象。所以，软件开发人员务必要提高思想认识，加强对行业前沿知识、领先经验的有效学习，对自身现有的各项知识予以有效创新，保持良好的工作态度，全身心投入到计算机软件开发中，为企业创造效益。对于企业而言，要确保软件开发人员的薪酬待遇，确保他们的相关需求得到有效的满足，并不断对软件开发人员开展全面系统的培训教育，如此方可把握住人才、发展人才，才能推动企业的不断发展。

总而言之，在计算机软件实际开发中，软件质量受诸多因素影响，应对这些影响因素企业与软件开发人员需要共同努力。因此，不论是计算机软件开发企业还是开发人员均应当不断革新自身思想理念，加强对计算机软件开发中软件质量影响因素的深入分析，加大计算机软件开发管理力度、严格排查计算机软件代码问题、提高软件开发人员的专业素质等，积极促进计算机软件开发的顺利进行。

第五节　计算机软件开发信息管理系统的实现方式

本节首先对计算机软件开发信息管理系统的设计要点进行分析，在此基础上对计算机软件开发信息管理系统的实现方式进行论述。期望通过本节的研究能够对计算机软件开发信息管理水平的提升有所帮助。

一、计算机软件开发信息管理系统的设计要点

在计算机软件开发信息管理系统（以下简称本系统）的设计中，相关模块的设计是重点，具体包括如下模块：信息显示与查询、业务需求信息管理、技术需求信息管理以及相关信息管理。下面分别对上述模块的设计进行分析。

（一）信息显示与查询模块的设计

该模块的主要功能是将本系统中所有的软件开发信息全部显示在同一个界面之上。界面的信息列表中包含了如下公共字段：信息标号、名称、种类等。对列表的显示方法有两种，一种是平级显示，另一种是多层显示。

1. 平级显示

该显示模式能够将本系统中所有的软件开发信息集中显示在同一个列表当中。

2. 多层显示

这种显示模式能够展现出本系统中所有信息主与子的树状关系，并以根节点作为起步点，对本系统中含有的信息进行逐级显示。

上述两种显示模式除了能够相互切换之外，还能通过同一个查询面板进行查询，并按照面板中设置的字段查询到相应的结果。除此之外，在第一种显示模式的查询中，有一个需求信息的显示选项，用户可以按照自己的实际需要进行设置。如只显示技术需求或是只显示业务需求，该功能的加入可以帮助用户对本系统进行更为方便地使用。对软件开发信息的查询则可分为两种方式，一种是基本，另一种是高级。

前者可通过关键字对软件开发信息进行查询；后者则可通过多个字段的约束条件完成对软件开发信息的查询。

（二）业务需求信息管理模块的设计

这是本系统中较为重要的一个模块，具体可将其分为以下几个部分：

1. 基本信息

该部分为业务需求的基本属性。如名称、ID、所属、负责人、设计者等。

2. 工作量

该部分除了包括预计和完成的工作量的计算之外，还包含各类工作量的具体分配情况。

3. 附件

该部分是与业务需求有关的信息，如文档、图片等。用户可对附件进行上传和下载操作，列表中需要对附件的描述进行显示，具体包括上传时间、状态等信息。

4. 日志

自信息创建以后，对它的每次改动都是一条日志。在相关列表当中，可显示出业务需求的全部更改日志。其中包含如下信息：日志的 ID、更改时间、操作者等。

对于同一个项目而言，业务需求是按照优先级进行排序的。业务需求的优先级越高，排列的就越靠前；反之则越靠后。对优先级的排序值，会记录到技术需求上。系统以平级显示业务需求时，可同时选择多个，并对其进行批量修改。由此，提高了用户的编辑效率，这是该模块最为突出的特点。

（三）技术需求信息管理模块的设计

该模块与业务需求信息管理模块都是本系统的重要组成部分，大体上可将之分为以下几个部分：

1. 基本信息

与业务需求信息类似，该部分是技术需求的基本属性。如名称、ID、开发者、开发周期、预计与实际工作量等。

2. 匹配业务需求

该部分具体是指技术需求所配备的业务需求。在列表中包括以下几个字段：匹配的名称、ID、项目和优先级。

3. 附件与日志

这两个部分的内容与业务需求信息相同，在此不进行复述。

（四）相关信息管理模块的设计

这里所指的相关信息主要包括版本信息、产品及其领域、项目信息。其中版本信息包括如下内容：名称、起止时间、开发周期等。在该管理模块中，设置版本的相关信息后，本系统会自行将该版本的开发时间按周期长度进行具体划分，并在完成维护后，技术需求开发周期下的菜单会将该版本的开发周期作为候选的内容；项目信息中含有一个工作量字段，其下全部信息的工作量之和不得大于分配的工作量。

二、计算机软件开发信息管理系统的实现方式

（一）系统关键模块的实现

1. 显示与查询模块的实现方法

本系统中所包含的信息类型有以下几种：业务需求、技术需求、项目、产品及其领域、发布版本，上述几种信息的关系为主与子。本系统中信息的显示方式有两种，即平级和多层。在平级显示模式中，用户能够利用ID Path列找到信息在主子关系树中的路径，当用户点击Show Children后，可对所选信息的自信息进行查看。平级与多层显示之间能够相互切换。当显示界面为平级时，单击Hierarchical，便可将显示模式切换至多层；如果想切换回来，只需要单击Plat List即可。在本系统中信息的查询分为两种形式，一种是基本查询，另一种是高级查询。前者的查询方法如下：下拉菜单Show，此时会显示出可供选择的项目。如Show all、Show requirement以及Show work package。当用户需要进行高级查询时，可在基本查询面板中单击Advance链接，查询过程中用户只需要输入多个字段，便可对系统中的信息进行查询。

2. 业务需求信息模块的实现方式

由上文可知，该模块分为四个部分，即基本信息、工作量、附件和日志。在基本信息中，ID为必填项，新建的业务需求在保存后，系统会自动填写业务需求的创建人及信息的创建时间等内容，这部分内容不可以直接进行修改；可将附件视作为与业务需求相对应的技术文档，用户在附件管理界面中，可填入相关的信息，如附件状态、完整时间等，然后点击附件列表中的链接，便可对附件进行下载操作。若是需要对附件链接进行修改，用户只需选择列表中的一条记录，并在下方的文本框内输入便可完成对附件链接的修改。对业务需求信息进行修改后，系统会自行生成一条与之相关的日志。

3.技术需求信息模块的实现方式

该模块中基本信息、附件、日志等业务的实现过程基本与业务需求信息模块的实现过程类似，在此不进行重复介绍。与业务需求相比，技术需求多了一个匹配部分，用户可在该部分中直接添加所匹配的业务需求，即同个领域或同个项目。该模块的优先级信息将会自动从匹配的业务需求中获取。

4.相关信息模块的实现方式

（1）版本信息管理的实现。用户可在该界面中，对如下内容进行设置：版本开发周期长度、开发起止日期。当用户单击 Auto-fill Talk 按钮后，系统会按照用户预先设定好的内容，对版本开发时间进行自动划分。同时用户也可手动对开发周期进行添加或删除。

（2）产品及其领域信息管理。可将产品领域设定为子领域，并在对技术需求信息进行管理时，将领域信息作为候选对象。

（3）项目信息管理。可填入带有具体单位的工作量，如每人／每天，并以此作为项目的大小。设置完毕后，该项目下所有任务的工作量之和不可以超过项目的总工作量。

（二）系统测试

为对本系统进行测试，应将之嵌入到助力企业发展产品中，作为该产品的一个扩展模块。本系统的测试工作在集成测试完成后，根据设计需求，对系统进行相应测试。主要目的是通过测试检查程序中存在的错误，分析原因，加以改进，以此来提升系统的可靠性。具体的测试如下：

1.功能测试

该测试只针对系统的功能，测试过程中不考虑软件的结构和代码。测试过程以界面及架构作为立足点，根据系统的设计需求对测试用例进行编写，借此来对某种产品的特性及可操作性进行测试，确定其是否与要求相符。

2.性能测试

该测试的主要目的是验证软件系统是否符合用户提出的使用要求，并通过测试找出软件中存在的不足和缺陷，同时找出可扩展点，对系统进行优化改进。

3.安全测试

具体是指在对系统进行测试的过程中，检查其对非法入侵的防范能力。

由测试结果可知，本系统的兼容性、易用性和可扩展性基本符合要求；系统的操作简单、使用方便，可对软件信息进行有效的管理。本系统的设计达到了预定的目标。

综上所述，随着计算机网络的广泛普及，推动了计算机软件开发领域的发展。为进一步提升计算机软件开发的管理水平，本节提出相关的信息管理系统，并对该系统的设计与实现方式进行论述，最后对设计的系统进行测试，结果表明，该系统达到了预定的目标。

第六节　基于多领域应用的计算机软件开发

计算机软件开发是现代社会发展的主要动力，新型计算机软件开发综合应用在社会经济发展、内部管理、社会医疗等方面都有直接的应用。本节结合现代计算机软件开发实践，对现代社会发展中的计算机软件开发实践进行探究。

随着现代社会经济发展水平逐步提升，社会科学技术实现综合性拓展。一方面，数字化系统逐步研发，依托计算机数据平台建立的大数据处理结构得到拓展；另一方面，数字化应用范围逐步扩大，在社会医疗、建筑等方面的应用领域更加广阔，实现了社会资源综合探索。

一、计算机软件开发实践研究的意义

计算机软件开发是社会资源综合拓展的重要需求，对计算机软件开发实践分析，有助于在计算机系统实践中弥补系统开发的不足，推动大数据网络平台的资源应用、管理结构更加完善，也是推进现代社会发展动力的主要渠道。从社会资源管理角度分析，计算机软件开发为社会发展带来间接的财富，对计算机软件开发实践研究也是社会资源积累的有效途径。

二、计算机软件开发实践核心

计算机软件开发实践的核心是计算机系统网络完善的过程。一方面，在计算机软件开发实践中，计算机系统资源达到系统各个部分更加完善。例如：计算机软件在现代室内设计中 CAD 技术的应用，软件开发可以将二维平面图形通过计算机虚拟平台建立三维空间图。CAD 软件可以根据需求随时进行室内设计数据、高度、方向的灵活调整，系统自动进行新设计信息的智能化存储，满足现代社会室内设计结构调整的需求，实现计算机系统开发资源各部分的多样性开发。另一方面，计算机软件开发实践核心是计算机软件开发系统随着社会发展进行软件更新，满足现代社会发展需求。例如：计算机软件在现代企业内部管理中的应用，人力资源系统、绩效考核能够依据人力资源数据库中的信息，能够实现人才绩效考核信息的及时更新，为企业人才管理提供权威的信息管理需求。基于以上对计算机软件开发实践的分析，将计算机软件开发实践核心概括为实用性和创新性两方面，现代计算机系统开发正是基于这两点要求的基础上，实现计算机软件的多领域应用。

三、基于多领域应用的计算机软件开发实践探析

企业进行计算机软件开发搭建现代数字化平台是适应社会发展的必然性选择。现代计算机软件不仅保留了计算机系统中的程序计算流程，同时也借助云数据虚拟平台建立其财务运算结构，这种智能化计算机系统将企业内部控制信息综合为一个管理系统中，企业财务管理不仅可以对内部生产、经营、销售等经济运行情况进行实况分析，同时系统集合企业固定资产、流动资产、股票、债务资本周期循环的相关信息进行综合管理。新型计算机财务控制软件开发，为现代企业内部控制、财务管理带来更加系统的经济管理需求。例如：某企业应用新型财务管理软件进行内部控制，系统依据该企业经济发展情况，为企业制定完善的经济投资规划，并做好企业金融运行风险对策，为现代企业发展带来更加稳妥的经济发展保障。计算机软件开发在现代企管发展中的应用，也是企业人力资源管理的主要形式。现代企业的人才需求逐步向着多元化方向发展，传统的人力资源管理已经无法满足企业人才培养系统性、多样性的管理需求，新型计算机系统依据企业人才需求，形成独特人才培养计划，同时配合现代企业绩效考核及时进行企业人才需求的调整。科学公平的人力资源管理，实现了企业人才个人价值与企业发展相适应，为现代企业发展、内部资源综合配置提供了人才供应保障。

（一）现代互联网平台的应用

计算机软件开发，在推动社会经济发展中发挥着重要作用，为自身在现代互联网平台的发展带来更加广阔的探索空间。最常见的计算机软件开发实践为开发多种手机客户端。计算机软件将巨大的网络运行拆分为多个单一的、小规模的运行系统，用户可以依据需求进行系统更新，保障了计算机软件应用范围扩大，软件系统的应用选择空间增多。例如：淘宝，携程手机客户端等形式都是计算机系统自动化开发的直接体现。计算机系统软件开发与更新也体现在互联网平台内部管理系统逐步优化。传统的计算机系统安装主要依靠外部驱动系统进行开发，计算机系统自身无法进行自动更新。现代软件开发在系统程序中安装自动检验命令，当计算机系统检验发现新系统会自动执行性更新命令，保障计算机系统可以实施自动更新。计算机软

件系统开发推进了现代计算机各部分结构也发生直接更新，使其适应现代社会计算机实际软件应用的需求。

（二）医疗技术的开发

计算机软件开发为社会信息存储和应用提供了更加灵活的应用平台，在现代医疗卫生领域的应用最为明显。医疗卫生事业的信息总量大，同时信息资源保留时间具有不确定性特征。现代计算机软件开发信息管理实现信息资源存储短时记忆和长期记忆两种形式。短时记忆的信息存储时间设定为 5 年，即如果病人到医院就诊就完成一次病人信息数据输送，医院数据存储系统会将信息自动保存五年。而长期信息记忆，是针对医疗中特殊案例，需要长期进行资料保存。医护工作者将这一部分信息转换为长期存储，计算机软件将其上传到云空间中，达到对医疗信息的长期存储，为现代医疗信息存储带来有力的信息应用保障。此外，计算机系统开发在医疗事业中的应用还在于现代医疗技术中的综合应用。例如：磁共振、加强磁共振等技术的应用，依据计算机系统软件开发的进一步实践，实现现代医疗技术诊断准确性的大大提高。

（三）城市规划技术的发展

计算机软件开发实践是现代社会发展的技术新动力，为现代社会整体规划带来全面的改变，计算机软件开发系统在现代城市规划中的应用，一方面，可以应用计算机系统建立城市规划设计平面图，实现现代城市规划中道路、建筑、桥梁以及河道等多方面设计之间的综合规划。计算机软件建立的虚拟模型，可以保障计算机系统在城市整体发展中的应用，合理调节城市规划中各部分所占的比重，为现代城市建设提供了全面性、系统性保障，从而合理优化现代城市系统资源综合应用。另一方面，计算机软件开发系统在现代城市规划中的应用，体现在计算机软件开发在城市建筑中的融合。例如：现代城市建筑中应用 BIM 技术实行建筑系统的整体优化。BIM 技术可以实现系统资源综合应用，设计师可以通过建筑模型分析建筑工程开展中的建筑结构使其更加完善，保障城市建筑结构体系具有更可靠的建筑施工模型。计算机软件开发在现代城市规划中的应用，可以将平面设计模型转化为立体建筑模型，实现现代系统综合化拓展，也为城市建设结构优化发展带来技术保障。

（四）室内设计的应用

计算机软件开发在室内设计中的应用，为其带来更加有力的系统保障。计算机软件开发的室内设计软件，主要实施 CAD 和 PS 处理系统等方面的计算机系统综合开发，可以进行室内设计的空间模拟规划。同时，CAD 和 PS 软件都可以实现室内设计图的逐步扩大，可以使室内设计实现精细化处理，实现现代室内设计结构逐步优化，保障室内设计空间规划的紧凑性和美观性的综合统一，为现代室内设计系统的资源管理带来了更专业的技术保障。

此外，计算机软件开发在现代社会中的应用也体现在社会传媒广告设计中。例如：PS 技术是现代平面传媒设计常见的计算机软件，通过 PS 技术，可以对平面设计中色彩、图像、清晰度等进行多方面的调整，实现现代图像处理系统的资源综合开发与应用，美化平面图形设计的应用需求，使平面设计的艺术性和审美价值更加直接地体现出来。

计算机软件开发是现代社会发展的主要发展动力，结合现代医疗、企业管理、城市规划、互联网以及平面设计等领域，对现代计算机软件开发带来了更实用和快速的资源应用保障，推进了现代社会的进步与发展。

第七节　计算机软件开发工程中的维护

为了更好地保证计算机技术应用的质量和效率，需要注重计算机软件开发工程的维护。本节对计算机软件开发工程的维护进行深入的分析，希望能够为相关工作者提供一些帮助和建议。

计算机技术的运用更多的是依靠其软件的支持，因此，想要保证计算机的使用性能和工作效率，就必须保证计算机软件的质量和可靠性。就目前来看，计算机软件越来越多样化，其在为人们提供便利的同时，也为计算机增加了诸多危险因素。比如，病毒、黑客等问题就会给计算机用户带来较大的影响，甚至造成严重的后果。对此，就需要加强计算机软件开发工程的维护工作，通过科学有效的维护来保证计算机软件的安全性、可靠性，进而为计算机的安全有效运行提供保障。

一、计算机软件开发工程维护的重要意义

软件是计算机技术发展过程中的直接产物，软件与计算机之间有着紧密的联系，在软件的支撑下计算机的相应功能才能够得到充分体现，所以软件是计算机功能发挥的载体所在。传统的计算机在语言方面存在较大的限制，而通过计算机软件就可以实现人与计算机的交流和互动。由此可见，软件的产生直接影响了计算机功能的发挥。而一旦计算机软件出现问题和纰漏，那么自然会影响到计算机的正常运行。因此，为了保证计算机运行质量和性能，就必须加强计算机软件开发工程的维护。

首先，计算机软件开发工程的维护是确保用户工作顺利的重要保障。现如今计算机已经被广泛地应用于各行各业中，而计算机的应用离不开软件的协助。通过对计算机软件工程进行合理的管理、维护，可以避免故障的发生，从而有效促进用户工作的顺利开展。其次，计算机软件开发工程的维护是促进软件更新及开发的重要动力。在计算机软件工程维护过程中，工程师可以及时发现计算机软件存在的问题和不足，进而更好地对计算机软件进行针对性的优化和升级，这样一来就在很大程度上为促进软件更新及开发提供了动力。最后，通过对计算机软件工程进行维护，还可以在一定程度上提高个人计算机水平。由此可见，计算机软件开发工程的维护具有重要的意义和作用。

随着计算机技术的不断发展和进步，计算机的应用也越来越广泛和深入，在此背景下，软件开发工程就面临着一定的挑战。现如今，人们对计算机的要求越来越高。比如，在计算机功能、质量、费用等方面都有了较高的需求。因此，为了更好地满足用户需求，多种多样的计算机软件就被开发出来。多样化的计算机软件虽然能够满足人们对计算机不同的需求，但是这也在很大程度上提高了计算机开发工程的维护难度。比如，在计算机运行过程中，常常会出现病毒、木马、黑客等问题，而这些问题产生的很大一部分原因都与软件开发工程的维护不当有关。软件开发工程的维护与计算机的安全性和可靠性有着直接的关系，当软件开发工程无法得到有效的维护时，那么就会对计算机的正常安全运行构成威胁。

二、计算机软件开发工程的维护措施

（一）提高计算机软件工程实际质量

软件工程在实际运行过程中，其自身的质量与软件运行的质量和效率有着直接的关系。因此，想要保证计算机的正常稳定运行，提高计算机软件工程的实际质量尤为关键。只有提高了软件工程的实际质量，才能够避免软件工程出现问题，进而有效降低软件工程的运行成本以及维护成本。加强计算机软件工程的实际质量可以从两个方面入手。首先，重视组织机构的管理。作为管理人员需要重视对各类工作人员的任务分配，保证工作人员组织结构的完整性，以及保证信息完整上传下达。这样可以在很大程度上为计算机软件开发提供支持，进而促进计算机软件工程质量的提高。其次，需要提高计算机软件工程工作人员的综合能力及综合素养。作为软件开发工程师，必须具备专业的能力和水平，同时还应该具有良好的综合素养，这样才能够保证软件工程实际质量的提升。在软件开发过程中，针对不同的工作人员应该明确其职责，保证自身分内工作的质量和效率，进而提高整体软件工程的质量。

（二）加强对计算机维护知识的宣传

计算机软件开发工程的维护不仅需要从工程实际质量方面采取措施，同时还需要多方协作来提高维护效果。作为计算机软件开发者，应该充分发挥自身在计算机软件工程管理维护中的作用，通过加强对计算机软件工程维护知识的宣传工作，积极将计算机软件工程维护的理念树立在每一个计算机软件开发人员的思想中。另外，还要加强对软件工程维护知识的讲解，使得每一个用户能够认识到计算机软件工程维护的重要性，并掌握一些基础的维护技能。用户在日常使用计算机过程中，应该加强对系统的维护、软件的更新、杀毒等，以此来避免计算机在运行过程中出现问题。作为网络管理人员，也应该在计算机软件工程维护中发挥作用。比如，网络管理人员可以在相应的电脑界面上给出维护建议，并及时提醒计算机用户对电脑进行维护。

（三）健全软件病毒防护机制

在计算机运行过程中，软件发生问题和故障的很大一部分原因都是由于病毒而造成的。因此，为了更好地保证软件的运行质量和可靠性，就需要健全软件病毒防护机制，通过对病毒进行防护，以此来更好地维护计算机软件工程。软件病毒防护机制主要是通过安装可靠的病毒防护软件来实现的。病毒防护软件可以实现对病毒的有效监测，一旦发生有病毒入侵，立马采取措施进行查杀，杜绝病毒对软件造成影响。病毒防护软件可以有效抵制 90% 以上的病毒，从而有效保证计算机软件的可靠性和安全性。在安装了病毒防护软件后，还需要定期对电脑进行杀毒、系统优化等措施，充分利用病毒防护软件来保证电脑的安全。

（四）优化计算机系统盘软件

系统盘是计算机的核心部分，为了保证系统盘的正常有效运行，在安装软件过程中就需要注意控制安装软件的数量，太多的软件会影响到系统盘的运行效率和运行速度。另外，还需要定期对计算机系统盘软件进行清理。比如，对于一些长期不用的软件可以进行卸载，释放系统盘的空间，使得系统盘中的软件得到优化，从而促进系统盘更加流畅地运行。一般来说，就电脑 C 盘而言，其系统空间最好保持在 15G 以内，超过 15G 就容易对计算机的运行效率和运行速度产生影响。当计算机系统盘软件得到了优化，也可以在很大程度上提高计算机的运行质量和效率。

第四章　软件开发的过程研究

第一节　CMM 的软件开发过程

　　软件产业是一个新兴产业，近些年来，随着计算机技术的飞速发展，软件产业迅速壮大。中国软件产业起步较晚，不仅在人才和技术方面与软件产业先进国家之间有较大的差距，在管理方面也相差很大。CMM 是能力成熟度模型的简称，它可以在组织定义、需求分析、编码调试、系统测试等软件分析的各个过程中发挥作用，提高软件开发的质量和速度。本节简要介绍了 CMM 和基于 CMM 的软件开发过程，并提出了 CMM 软件开发过程中需要解决的三个问题。

　　目前，CMM 是国际影响力最大的软件过程国际标准，它整合了各类过程控制类软件的优势，提高了软件开发的效率和质量。软件开发需要成熟先进的技术和完善的系统总体设计，CMM 三级定义的软件开发流程使软件开发更简单，对项目的进度和状态的判断更准确。因此，研究易于 CMM 的软件开发过程对软件产业的发展十分重要。

一、CMM软件开发概述

（一）CMM 概述

　　能力成熟度模型英文缩写为 SW-CMM，简称 CMM，它是对于软件组织在定义、实施、度量、控制和改善其软件过程的实践中各个发展阶段的描述。它于 1991年由卡内基 - 梅隆大学软件工程研究院正式推出。CMM 由成熟度级别、过程能力、关键过程域、目标、共同特点、关键实践六部分构成。它的核心是把软件开发当成是个过程，并基于这一思想对软件开发和维护过程进行监测和研究，目的是改进过去烦琐的软件开发过程。除此之外，CMM 还可用于其他领域过程的控制和研究。CMM 的重要思想是它的成熟度级别的划分，它将软件开发组织从低到高分为五个等级。第一级是初始级，这一级软件开发组织的特点是缺乏完善的制度、过程缺乏定义、规划无效；第二级是可重复级，这一级的软件开发组织基本建立了可用的管理制度，可重复类似软件的开发，因此这一级的重要过程是需求管理；第三级是已定义级，软件企业将软件开发标准化，可以按照客户需求随时修改程序，这一级的重要过程是组织过程；第四级是已管理级，软件企业将客户需求输入程序，程序自动生成结果并自动修改，这一级的重要过程是软件过程管理；第五级是优先级，软件企业基于过程控制工具和数据统计工具随时改变过程，软件质量和开发效率都有所提高，这一级的重要过程是缺陷预防。CMM 成熟度的划分对国内软件开发组织的自我定位和进步都有很大的影响。

（二）CMM 软件开发过程

首先，进行项目规划。软件开发人员先了解客户的需求，通过调查问卷、投票等形式搜集信息，相关人员对信息进行归纳处理，提出新的软件创意，小组人员讨论出软件的小改模型之后进行可行性分析并研究探索新创意的创新性和可行性，提出模型中需要解决的问题，估计项目所需的资金和人力资源，列成项目计划书交付评审。其次，评审通过后，确定软件的具体作用，明确新软件的功能，在目标客户范围内搜集信息，建立准确的模型，制订软件开发计划。先进行概要设计，构建系统的轮廓，根据软件开发计划划分系统模块并建立逻辑视图，建立逻辑视图的核心是对信息进行度量，设计工作量、审核工作量、返工工作量以及完善设计中存在的缺陷等，设定软件标准和数据库标准。然后进行详细设计，针对每一个单元模块进行优化设计，审核设计中的缺陷和未完善之处，将概要设计阶段引入的函数进行详细分解，运用程序语言对函数进行具象的描述，将代码框架填充完整，补充需求跟踪矩阵，设计以模块为单元的测试。最后，完善设计方案后，开始编码调试，先进行编码，小组每个人的编码成果都要经过其他人的检查，以防出现漏洞，然后按照测试设计进行单元测试。单元测试无误后进行集成测试，系统集成测试完毕后将所有测试数据进行再次测试，系统零失误通过测试说明系统无漏洞，否则检查漏洞重新测试，测试结果形成测试报告留存。软件交付客户验收前进行最后一次测试，检测软件功能与客户需求之间的差距，测试人员在客户提出的每个情境下测试软件功能，测试无误后交予客户。客户验收无误后，小组每个成员针对自己负责的模块进行经验总结，总结基于 CMM 的软件开发经验。

（三）CMM 在软件开发中的作用

CMM 在项目管理活动、项目开发活动、组织支持活动三方面都可发挥作用，对提高软件开发的质量和效率有很大的影响。目前我国基于 CMM 的软件开发还处

61

于起步阶段，主要应用的领域是铁路信号系统、海关软件开发、军用软件开发、雷达软件等。推进了铁路系统的开发和利用，拓宽了海关软件开发的平台，承接了以前军用软件开发终端，提高了雷达软件开发质量。在更广大的领域，CMM 还应充分发挥其自我评估、主人评估的作用，为更多的软件开发组织解决软件项目过程改进、多软件工程并行的难题。

二、基于CMM的软件开发过程需要解决的问题

（一）软件开发平台的实现

软件开发平台是基于 CMM 的软件开发的基础，目前软件开发的代表性理论是结构化分析设计方法。它利用图形描述的方法将数据流图作为手段更具体地描述了即将开发的系统的模型，在程序设计中，它将一个问题分解为许多相关的子集，每个子集内部都是根据问题信息提取出的数据和函数关系，将这些子集按照包含与被包含的关系从上到下排列起来，定义最上面的子集为对象，即新的数据类型。平台开发的基础就是这个新的数据类型，平台的框架则是将表现层、业务层、数据交换层用统一的结构进行逻辑分组。

（二）软件组织中的软件过程控制

软件过程是用于开发和维护软件的方法和转换程序，工程观点、系统观点、管理观点、运行观点和用户观点缺一不可。软件过程控制的核心是尽量不和具体的组织机构及组织形式联系的原则，它需要定义和维护软件过程，将硬件、软件及其他部件之间的接口标准化，并确定各组织机构的规范化。在制订过程改进的计划后，要先选定几个具有普遍特征的项目作为测试项目，先进行试运行确定软件过程控制的有效性，准确记录过程控制的数据和具体问题，运用 CMM 将这些问题解决后，将过程控制程序应用到所有的项目中。

（三）软件过程改进模型

软件过程改进模型的核心是评估系统在服务器端的实现流程。登录系统后对新项目进行描述，在线进行项目需求文档编写，同时指派 SQA 人员到项目组进行指导。根据需求文档制订项目 SCM 计划，进而得出跟踪需求，收集当前软件过程中的实际数据并与计划值比较，报告比较结果。若结果在误差允许范围之内，则项目结束；如超出误差允许范围，则调整项目计划，调整后的项目计划再进行以上流程，直至实际数据与计划值的误差在允许范围之内，软件过程改进模型建立完毕。

目前，国际大多数软件开发过程和质量管理都遵循 CMM，在软件开发中，

CMM 的各个关键过程都有对应的角色和负责的阶段，对软件开发的速度和质量的提高有重要的意义。在我国，基于 CMM 的软件开发过程的研究正处于起步阶段，CMM 还有很多功能没有被挖掘出来。在基于 CMM 的软件开发过程中，工作人员要充分发挥和挖掘 CMM 的价值，大胆创新，在实践中改进软件控制、软件开发管理等过程，不断提高软件开发的能力。

第二节 软件开发项目进度管理

进度管理是软件开发项目管理的重点，贯穿整个软件项目研发过程，是保证项目顺利交付的重要组成部分。本节从软件开发项目特点出发，阐述软件项目管理现状，分析影响项目进度管理的因素，将现代项目管理理论与信息化技术结合并应用到项目管理当中，理论结合实际，验证进度管理在软件开发项目中的重要性，可为同行业后续类似的软件开发项目提供借鉴与参考。

随着信息技术的不断发展及普及，移动互联网、云计算、大数据及物联网等与现代制造业结合，越来越多的软件项目立项。在软件项目开发过程中，无论是用户还是开发人员都会遇到各种各样的问题，这些问题会导致开发工作停滞不前甚至失败。软件项目能否有效管理，决定着该项目是否成功。因此，如何做好软件项目管理中的进度控制工作就显得尤为重要。

一、软件开发项目的管理现状

国内外软件开发行业竞争越来越激烈，软件项目投资持续增加，软件产品开发规模和开发团队向大规模和专业化方向发展。因为起步晚，国内绝大多数软件公司尚未形成适合自身特点的软件开发管理模式，整个软件行业的项目管理水平偏低，与国际知名软件开发公司有一定的差距，综合竞争能力相对较弱。首先，缺乏专业的项目管理人员，软件项目负责人实施管理主要依靠技术和经验积累，缺少项目管理专业知识；其次，在项目开始阶段缺少全局性把控，制订的项目计划趋于理想化，细节考虑不周，无法进行有效的进度控制管理，导致工作进度滞后；再次，项目团队分工不合理，项目成员专业能力与项目要求不匹配，成员各行其是，出现重复甚至无效的工作，从而影响项目进展；最后，项目负责人不重视风险管理，没有充分意识到风险管理的重要性，面对风险时缺少应急预案，使原本可控的风险演变成导致项目受损甚至失败的事件。因此，必须在整个软件开发项目周期内保持对项目的进度控制，当遇到问题时给出合理的解决措施，将重复工作、错误工作的概率降到最低，使项目目标能够顺利实现，使企业能够获得最大利润。

二、软件开发过程中影响进度管理的因素分析

项目管理的五大过程：启动、计划、执行、控制与收尾。软件项目管理是为使软件项目按时成功交付而对项目目标、责任、进度、人员以及突发情况应对等进行分析与管理。影响软件开发项目进度的因素主要有：人的因素、技术的因素、设计变更的影响、自身的管理水平及物资供应的因素等。对项目进行有效的进度控制，需要事先对影响项目进度的因素进行分析，及时地使用必要的手段，尽可能调整计划进度与实际进度之间的偏差，从而达到掌握整个项目进度的目的。

（一）进度计划是否合理和得到有效执行

项目在开发过程中都会制订一个进度计划，项目进度和目标都比较理想化，在面对突发情况时如果没有相应的应急处理预案，将无法保证项目进度计划的有效执行。主要体现在制订项目进度计划时由于管理人员自身专业局限性，虽然对项目目标、项目责任人和研发人员和项目周期都有明确划分，但对项目开发难度和开发人员能力考虑不足，假如因项目出现重大技术难题而引起项目延期，同时又没有做相应的应急处理，势必影响项目进度顺利实现。

此外，没有详细的开发计划和开发目标、开发计划简单不合理等也会影响项目进度。比如：项目目标不清晰，项目组织结构和职责不明确，项目成员缺少沟通，不同功能模块出现问题时相互推诿；每个开发阶段任务完成情况不能量化；软件开发项目没有按照计划进行，进度出现延误没有相应处罚措施和应急措施，导致项目进度管理无法正常进行。

（二）项目成员专业能力和稳定性

项目成员专业能力和稳定性是项目进度计划顺利实施的主要因素。在项目进行过程中，项目成员专业能力与项目要求不匹配，项目成员离开或者新加入都会对项目的进度造成不良的影响。

项目成员专业能力偏低，不能对自己的工作难度和周期有一个明确的认识，编写的软件代码质量较差，可靠性不高，重复工作比较严重，就会延长研发时间，脱离原计划，导致实际项目进度与原计划规定的进度时间点相差越来越远。

项目成员稳定性包括人员离职或者参与其他项目和增加新人。原项目成员离职，项目分配的工作需要由新成员或其他项目成员接手，接手人员需要对项目的整体和

进度进行了解，消化吸收原项目成员已经完成的工作成果。同时，需要占用一定时间与原项目成员交流与沟通。每个人的理解能力和专业技术能力不同，在一定的时间内无法马上投入工作，也会影响他们完成相同工作需要的时间，进而影响项目进度。

（三）项目需求设计变更

项目需求设计变更对于软件项目进度会造成极其严重的影响。由于项目负责人对项目目标理解不清晰，没有充分理解用户需求；或者为了中标需要，对项目技术难度考虑不深；或者用户对需求定义的不认可，感觉不够全面，提出修改意见，重新规划，造成需求范围变更。

项目负责人对于项目需求把控不严，不充分考虑用户增加变更的功能对整个系统框架内容的影响，缺乏与客户的沟通，忽略团队协作和团队成员之间的沟通，轻易修改需求，严重需求变更可能会导致整个系统架构的推倒重来，一般需求变更多了也会影响整个项目进度，造成项目延迟交付。

（四）进度落后时的处理措施

在实际的软件项目开发中，还有许多因素会影响和制约项目进度，没有人能将所有可能发生的事情都考虑周全，在条件允许范围内尽可能对项目开发过程按最坏情况多做预案，做到未雨绸缪，达到项目进度管理的预期效果。

项目管理人员在发现项目出现进度延迟后，需要及时与项目负责人进行沟通，查找问题根源并进行补救控制。同时，一定时间内了解项目组成员工作完成情况以及需要解决的问题，根据需要分解进度目标，做到日事日毕，严格按照项目进度计划时间点实施，尽量减少进度延迟偏差出现的次数。按阶段总结项目情况，评估本阶段项目实现状况是否与计划要求一致，协调处理遇到的困难问题，对项目进度进行检查和跟踪分析，随着项目开发的不断深入，找到提高工作效率、加快项目进度的方法。

三、"智慧人社"管理信息系统项目的实现

（一）项目整体进度计划的制订

项目启动初期，项目组成员使用里程碑计划法，对整个项目的里程碑进行了标记，按软件项目开发的生命周期将项目整体划分为几个阶段：需求分析阶段、系统开发阶段、系统测试阶段及系统试运行阶段等。

（二）项目开发阶段进度计划的制订

在项目的每个阶段中，其实都贯穿着许多阶段性进度计划。"智慧人社"管理信息系统项目的每个阶段计划也是通过使用进度管理方法来制订的。同时，在开发阶段中，项目组将每个功能模块的开发任务进行了更详细的分解，具体到每个子功能，规定了功能实现责任人，并标注了计划用时。项目管理人员可以直观地了解到每个子功能的计划用时，在实施阶段用于与实际使用时间进行对比考核，就很容易得出进度是否延迟或提前的结论。

（三）"智慧人社"管理信息系统项目进度计划的控制

项目进度控制的流程就是定期或不定期接收项目完成状况的数据，把现实进展状况数据与计划数据做比对，当实际进度与计划不一致时，就会产生偏差，如影响项目达成就需要采取相应的措施，对原计划进行调整来确保项目顺利按时完成。这是一个不断进行的循环的动态控制过程。

在"智慧人社"管理信息系统项目开始后，在整体计划中设置了一系列的报告期和报告点，用以收集实际进度数据。分别是项目周会、项目月度会议、阶段完成会议。

本节通过对具体软件开发项目过程中的进度管理进行研究与实践，综合运用科学的项目管理及"智慧人社"管理信息系统的软件思想和方法提出了有效的进度管理方法，不仅可以保证项目的质量，还能在约定期限内完成并交付成果，为今后其他软件开发公司开发类似项目提供参考，从而帮助提高软件项目开发和进度控制的综合管理能力。

第三节　智能开关的软件开发

自从发明了智能开关，使人类的生活更加便捷。智能开关用导电玻璃做触摸端，通过导线和电容、电阻连接到控制输入端。一种智能开关包括电源、继电器驱动电路和继电器等。现在有很多人家里面都安装上了智能开关，智能开关的发展多样化，让人类感受到了社会发展的快速。

智能开关是利用控制板和电子元器件组合和编程，实现电路智能开关控制的单元，它又称之为 BANG-BANG 控制。它不仅功能多、保护性强，并且信息传输性好，速度快，可远程控制。这项发明可谓使世人的生活品质提高了不少，智能开关可分为很多种类，每种都有各自不同的功能。

一、智能开关和传统开关的区别

传统开关与智能开关的面板有很大的差异。首先，传统开关一般是指机械式的固定在墙上的开关，但是智能开关是运用控制板和电子元器件的组合和编程来实现控制的。其次，传统开关无法进行远程遥控，必须人走到面前手动开关才得以运行；智能开关却可以在远程进行操作。

在功能方面，智能开关突破了传统开关的开和关的简单作用，它可以自动设计回路和调节光度，并且人们还可以在里面设计程序和遥控，其本身就是一个发射源。除去功能多这一特点之外，智能开关还具有样式美观、装饰点缀的特点，目前已被广泛地应用于家居智能化改造、办公室智能化改造等诸多领域。

智能开关的种类样式多，它的功能有人体感应开关、电子调光开关等诸多功能。从技术角度来讲，又主要分为总线控制开关、单相线遥控开关等，这些功能是传统开关无法实现的。

二、智能开关的功能和使用

智能开关有两个主要功能。第一个功能是智能开关是一款有"记忆"的开关。假如智能遥控器没电了，等恢复供电之后，遥控器里的所有程序都还会存在里面，无须重新输入。第二个功能就是之前讲到的远程遥控。这种操作既保留了传统开关的操作模式，也可以用遥控器进行灯光控制，甚至可以与手机相连，当你不在家时可以在手机里看到家里的灯是否关闭。

智能开关的使用，用安卓系统举个例子。可以在手机中下载并安装一个"智能家居终端控制"的应用软件，然后点击进入页面，选择"功能"界面，找到需要编辑的开关，这时会弹出一个对话框，点击"设置按键"按钮，之后进入界面后就可以对自己想要更改的场景开关进行修改了，使用起来既方便又安心。

三、智能开关的发展

智能开关的出现让不同环境下的存储管理变成可能，减少了不少的费用。智能开关虽然已很完美，但仍然处于进化的阶段。20世纪80年代是最早的智能开关出现的时代，那时智能开关还只是用于自动电话选路。之后不久，相类似的智能开关也逐渐出现在人们的视野中，甚至到后来20世纪90年代进化中的互联网。智能开关的种类越来越繁多，到现在为止大概有上百种，目前还在不断增加中。

四、智能开关的优势

智能开关进入市场之后颇受欢迎，之所以会有这么多人喜爱它，就在于它的优势，单火线传输，根本无须再添加一根零线，不管是使用还是维修都很方便。还有就是其具有多控、遥控、温控等功能。当负荷未超过动作电流时，它能保持一个长时间的供电，这也是智能开关的基本功能，有了智能开关可谓省心省力。智能开关的特点就是稳定性好、传输速度快、使用寿命长，有了这些功能自然会很受人们的欢迎。

五、智能开关的价格

智能化的产品能够给客户带来方便，价格也要能让客户接受。按目前市场价来看，三室的房子基本上就是 1000~2000 元，这个价格相对于现在很多家庭来讲也不算是很高，还在大众能够接受的范围之内。购买智能开关售后服务很关键，一定要选择有好口碑的厂家，这样售后服务才能得到最大的保障。

六、智能开关的布线

智能开关采用强电布线进行安装，跟普通开关是一样的道理，同时要比传统开关简单一点点。但全部的布线也是有一些差别的。一般传统开关的布线可以让有的灯进行双控，甚至是多控，布线相对比较麻烦。但是智能开关的布线根本就不需要考虑这些问题，只要把对应的灯光线和对应的开关底盒连接到一起就完成了，可以说是完全按单项控制来进行布线的。

目前的智能开关主要还体现在开关与开关之间的互相控制上，就像是两个开关之间有感应组合成一个整体网络布线，通过网络发出的信号进行互相传递，意思就是通过里面的信号线把实施命令传递到开关上。而想要达到这个目的，就需要用信号线把所有的开关连接起来，但是由于信号线属于弱电线，人们需要遵循弱电布线原则。布信号线时大家可以以家中的信息箱为起点，用网线或者单根双绞线，这样就可以把所有的开关连接起来了。

智能开关在采用普通开关的基础上，多了一条两芯的信号线，普通的电工就可以完成安装。智能开关的每一个开关可以说是一个单独的集中控制器，在安装的时候不需要任何其他设备措施，安装起来方便便捷，比起传统开关人们更容易接受和享受。智能开关虽然比传统开关价格高一些，但是用起来真的比传统开关方便不少，它的性价比是完全成正比的。

七、智能开关的缺点

智能开关的优势很多，但它也存在一定的缺点。智能开关处于进化阶段，安装智能开关就必须安装智能灯泡，智能灯泡的安装相对比较复杂，如果想移动切换到另一个设备的话，就需要重复这个过程，这对于普通的电工来说是一项很大挑战。

第四节　软件开发项目的成本控制

本节首先对软件开发成本控制影响因素进行分析，并梳理现代软件开发成本管理现状，以此为前提提出有效的项目成本控制对策。

21 世纪是一个全新的信息时代，而软件在信息技术发展中具有一定核心价值作用。为推动软件事业前行，实施强有力的软件开发项目成本控制管理是非常关键的环节，因为成本控制是否合理、到位直接关系着项目开发的顺利程度，甚至关乎项目是否成功。软件开发和传统项目的实施有一定区别，其特殊性表现为：一方面，软件产品生产、研制密不可分，若研制完成，产品基本完成生产，可以说软件开发过程实质是一个设计过程，物资资源需求少，人力资源需求大，而且所得产品主要为技术文档、程序代码，基本不存在物资成果；另一方面，软件开发属于知识产品，难以评估其进度和质量。因此，基于软件开发项目的典型特殊性，其成本控制也有一定难度，风险控制复杂。

一、软件开发项目成本组成及其控制影响因素分析

（一）软件开发成本构成

首先，软件开发成本主要构成为人力资源。内容包括人员成本开销，一般有红利、薪酬、加班费等。其次，是资产类成本。即资产购置成本，主要指设计生产过程中所产生的有形资产费用，包括计算机硬软件装备、网络设施、外部电力电信设备等。再次，是项目管理费用。这是保证项目顺利开发、如期完成的基本条件之一。拥有一个良好的外部维护环境，比如房屋、办公室、基本供应、设备支持服务等。最后，为软件开发特殊支出费用内容。即始端、终端产生的成本，包括前期培训费、早期有形无形准备成本支出等。

（二）影响软件项目成本控制管理的主要因素

1. 软件开发质量对项目成本的影响。一般来说，软件开发质量直接可对成本构成影响，而项目质量又分为质量故障维护和质量保证措施两个范畴。质量故障维护成本。从开发到成功保证软件产品拥有较好功能形成了固有的成本体系，总的来说，要想提升软件产品质量，就应投入更多成本，两者间存在一定矛盾关系。而若项目质量差，可以追溯到开发早期质量保障维护成本投入太低的缘故，因此前期应投入所必需的维护成本，后期维护成本才会跟着降低，也有利于得到质量更优的开发软件产品。

2. 软件开发项目工期对成本的影响。项目开始后工期的长短也和成本紧密相连，具体体现在以下几方面：首先，项目管理部门为保障在工期内完成产品生产，若后期需跟进工期或缩短工期，需要投入更多好的无形技术，增加强有力人力资源，此外还包括一部分硬性有形成本投入；其次，若发生工期延误现象，因为自身因素造成对方损失，按合同索赔无疑会给项目成本带来损失。

3. 人力资源对软件开发成本控制的影响。对软件开发这一无形项目实施过程中，人力资源是重要影响因素，也是最主要影响因素。开发时若投入较多高素质、高专业技能人员，无疑增加了项目成本支出，而纵向、平行对比，优质人员投入会大大提升其工作效率，后期工期一般会明显缩短；反之，投入较多普通质量工作人员，工作效率不达标会延长工期，无形中增加了人力成本。因此，高素质人员投入总体来说能降低企业成本。

4. 市场价格对成本的影响。随着时代的发展，软件开发产品会跟随市场变化而发生价格上的变动，收益也会变动，而在开发过程中所需人力资源成本、相关硬件设备成本等也都会有价格上的波动，直接影响整个项目开发的总成本支出额度。

二、软件开发项目成本控制存在的问题

（一）软件开发项目成本管理问题

软件开发项目成本管理工作复杂，涉及人员较多，部分企业在项目开发前不能很好地在成本管理中理顺权、责、利三者之间的关系，笼统地将其管理责任归结在财政主管上，成本管理体系不完善，直接造成软件开发项目成本控制难以得到合理的管理。

（二）项目开发人员普遍经济意识不强

软件项目开发人员绝大多数为专业技术人员，基本缺乏经济观念，项目成本控

制意识比较单薄。项目负责人一般更注重倾向于技术的管理，狠抓技术效率或将项目核算完全归结于财政部门执行。

（三）质量成本控制问题

所谓质量成本是指为保证开发软件质量、提高效率而产生的一切必要费用，同时还包括质量未达标所造成的经济损失。当前部分企业受经济利益影响，长期以来未正确认知成本、质量两者之间辩证统一的关系，一些负责人或懂得这一关系，但在实际操作中却往往将成本、质量对立，片面追求眼前利益，忽视了质量问题，质量下降或不达标所造成的额外经济损失则是不可估量的，影响企业信誉，对企业长期发展也十分不利。

（四）工期成本问题

软件开发如期交付是项目管理的重要目标，而项目人员是否能按合同如期完成任务，这是导致项目成本变化的关键性因素。在实际开发中，项目合同上虽有明确工期，但管理上很少将其和成本控制关系进行密切分析。不重视工期成本问题直接导致成本控制盲区，部分企业为尽快完工，可能存在盲目赶工的现象，最终软件产品质量难以保证。

（五）风险成本控制问题

所谓风险成本指的是一些未知因素引发的成本。发生这种问题的关键在于项目管理很少考虑到风险因素，未及时发现潜在风险，一旦发生状况难以规避，这将给项目成本带来极大冲击。

三、软件开发项目成本控制对策

（一）建立软件开发成本控制管理机制

为合理控制软件开发成本，首先，应明确管理人员权责问题，包括成本计划编制责任人的确立、成本考核具体指标的设立等，每个部门及参与开发人员都应明确界定权责，关键人员赋予成本监督管理权利；其次，建立健全对所有工作人员执行的奖惩制度，提升开发人员经济意识，人人参与成本控制，严格按工期跟进工作进度，保证开发产品质量，严管盲目赶工、怠慢工作延误工期等恶劣现象，在实际工作过程中落实责任担当，使成本控制管理工作真正落到实处，发挥出重要意义。

（二）对项目开发过程加强管控

项目开发过程初期应明确企业经营方向，做好成本控制关键性决策意见，而决策下达前必须对市场需求进行调研、分析、整理并确立软件开发所必须的需求，初步确立成本，包括必要硬件设备、网络、人力资源、初拟工期 (需结合市场分析规避风险) 等；加强软件开发过程中的成本控制，必须将其纳入项目成本管理任务中；一些软件开发较大，在开发过程中还应及时收集客户因市场需求而发生的产品要求上的改变，及时变更需求，科学掌控成本，避免盲目工作，有效规避风险，促进成本管理。

（三）强化成本要素管理和成本动态管理

软件开发项目成本控制要素有人力资源、有形设备、管理环境等，基于其影响要素应实施对应有效成本控制措施。软件开发是一个长期过程，开发时还应注重动态成本控制，提升工作效率，保证软件开发产品质量，避免因工期延误、产品不达标等现象而造成的经济损失。

软件开发与传统项目开发相比具有极强的特殊性，因此，在成本控制上也不能单纯沿用实体项目的成本计算形式。为良好控制成本，应分析软件开发成本影响因素，包括人力资源、工期等，并对软件开发成本管理现状展开分析，基于此提出针对性改善对策，目的在于控制成本，保证企业合理盈利，避免不必要的经济损失。

第五节　建筑节能评估系统软件开发

本节重点论述了建筑节能评估分析的现状，对建筑能耗与节能标准中出现的问题进行了简要的阐述，并对建筑节能评估系统软件的模型进行了有效的构建，以及通过计算机程序实现了建筑节能评估软件的功能。

我国已经具备了建筑节能设计规范与标准，但是缺乏建筑节能评估工具与方法，这些标准与规范在执行的力度与范围上存在很大的差异。建筑节能评估系统软件为建筑在设计、检测、管理以及监理方面提供了重要的辅助作用，能够有效地评估出建筑是否达到了节能的标准，从而使建筑节能工作实现规范化的管理。

一、建筑节能评估分析的现状

（一）建筑能耗分析

建筑能耗受室内空气品质、采暖空调设施、建筑热工性能、当地气候环境、建筑使用管理以及建筑热环境标准等方面的影响。对此分析主要包括空气与水分配系统的模拟分析、建筑物能耗实地测量、建筑物地理位置与气象数据分析、动态过程符合计算方法的研究、计算方法的矫正以及对分析空调系统周期成本经济秩序的研究等。

（二）建筑节能标准中存在的不足

制定建筑节能标准，对我国建筑节能工作的开展起到很大的促进作用，但是其本身仍然存在很大的不足，在执行的力度与范围上存在极大的差别。

1. 节能标准的制定与设计不够统一

标准制定过程规范了设计过程，而设计过程再现了标准的制定过程。二者采用的工具与方法是一致的。但是在现阶段，标准的设计与制定过程相互独立，设计过程只是对标准中提出的指标进行简单的执行，而且运用的工具方法也不一致，不再是标准制定过程的再现与应用。

2. 节能指标的可操作性不高

我国现阶段的建筑节能设计标准只是提供了以建筑耗冷量、耗热量为主的综合指标以及围护结构热工性能为主的辅助指标，这些指标在实际应用的过程中较为抽象。进行设计与评价时缺乏对建筑耗能分析的工具，不能确定建筑物耗冷量与耗热量，仅仅是围护结构热工性能的参数较为直观，但是这些参数不能用来判断建筑是否达到了节能的标准。

3. 无法实现标准的灵活性

我国现阶段的节能标准通常允许具备一定的灵活性，设计人员在设计的过程中可以不按照某些规定来进行。当某些地方难以达到标准要求时，必须在其他方面进行补偿，而且必须根据节能指标重新计算，不能使建筑的总耗能大于设计标准中的耗能量。由于计算过程太过复杂，计算方法太过专业，在设计过程中难以确定节能的经济效益，难以实现标准的灵活性。

（三）建筑节能评估系统分析软件

我国现阶段的节能评估系统分析软件的开发较为落后，虽然对暖通空调 CAD 系统做出了大量的研究，但是对于分析评估系统却只进行了简单比较，没有综合分析建筑耗能，与我国建筑节能工作实施的深度与范围难以适应。国外对这方面的研究较为成熟，有专业的分析建筑能耗的软件，能够分析建筑设计的全过程，对建筑节能工作的实施具有非常大的促进作用，对节能建筑的监督、设计与管理提供了有力的理论依据，对于我国建筑节能相关软件的开发具有很大的参考价值。

二、建筑节能评估系统软件的模型

（一）建筑节能评估系统软件功能

1.对新建或者改建的建筑设计方案进行节能评估，对于不能达到节能标准的建筑应当提出有效的改进措施。

2.结合建筑的设计需求，使其设计标准符合节能的要求，并且标注出需要修改的地方，使设计工作者能够更好地进行设计。

3.满足动态设计与分析。运用此软件进行设计的过程中，能够评估设计过程，得出有效的节能效果，使工作人员得到有用的参考，使建筑设计能够满足节能的标准。

4.对于缺乏标准制定的区域，此软件能够制定标准，分析建筑的能耗，并且结合节能的要求能够确定该区域建筑节能指标，使建筑设计、节能评价以及制定标准相统一。

（二）软件内核

1.输入输出

输入界面是软件的基础所在，其性能决定了软件是否能够得到大力的普及与认同。

2.工程数据库

根据数据交换的特征，主要包括动态与静态两种数据库。动态数据库是在评估与设计中动态形成的，能够有效连接软件的各个模块；而静态数据库包括设计标准、规范、围护结构结果热物性参数库、工程设计档案库、气象资料库、知识库、空调设计库与常规设计知识库等。

3.建筑耗能分析

建筑能耗分析要与其他功能相连接的信息交流接口。

4.智能分析

智能分析主要包括神经网络与专家系统两个方面，能够解决建筑节能标准中存在的不足。其可以使设计更加动态化，对设计参数做出正确的判断，使节能评估更加综合全面。

5.节能设计

节能设计不但要达到建筑的节能标准，还应当具备建筑的各项功能，对每一个环节都应当进行有效的节能分析，从而使用户选出最恰当的节能方式。

6. 节能评估

根据节能设计标准的要求，能够自动提供一个标准节能设计，其与原来的设计方案具有相同功能，并且建筑环境与面积、用户种类、设计计划以及气候资料都相同。结合有效的计算方法，可以对原有设计与标准节能设计进行能耗分析。如果原有设计的能耗低于或等于标准节能设计，那么原有设计就属于节能设计方案；如果原有设计高于标准节能设计的能耗，则应当找出超标的具体原因，并且给出相应的改进策略。

7. 主控模块

通过主控模块能够对节能系统进行调控，能够更加方便地使用其他模块，从而提高节能设计与评估的工作效率。

三、建筑节能评估软件的实现

（一）基本思想

智能化与集成化能够帮助节能评估系统软件解决标准中存在的不足，使其基本功能得到有效的实现。在开发软件的过程中应当时刻注重这两点内容。

1. 智能化

目前，人工智能技术取得了飞速的发展，这种技术在建筑节能评估方面的应用也越来越广泛。人工智能具体应用方式主要包括以下两种：其一是以连接为根本的神经网络；其二是以符号为根本的专家系统。前者具有非常强大的学习能力，而后者则具备人脑的思维能力。人工智能在此软件中建立的专家系统包括设计经验、思维活动以及设计经验等知识体系，并且与能够进行知识自学的神经网络相结合，这样就能够使建筑节能评估系统软件真正实现智能化。

2. 集成化

将以往功能分散的软件结合在一起，并且运用通用的数据转换工具与结构，使这些软件能够信息互通，有效避免了人工进行数据的转换，这样才能有效地利用各项资源，使分析设计的任务得以完善。此软件主要以 Visual C++6.0 为主要工具，将 CLIPS、DSeT、Microsoft Access、MATLAB 集合在一起。

（二）建筑功能实现

1. 运用 Visual C++6.0 能够实现软件的主控功能，并且拥有在线帮助的服务功能。

2. 结合开放数据库的连接（ODBC），达成 Access 数据库与程序的动态连接。

3. 运用动态连接方式（DLL）达成 CLIPS 与 Visual C++6.0 的结合，建立有效的专家系统。

4. 通过 Access 数据库达成能耗分析与主控界面的连接。

5. 通过引擎驱动达成 MATLAB 和主控界面的连接。

建筑节能标准在现阶段中存在的不足制约了建筑节能工作的普及。本节通过人工智能与集成技术来解决这些问题，结合研究结果可以看出这方面的探索具有非常重大的意义。文中所讲述的建筑节能评估系统软件，会成为建筑在设计、检测以及管理过程中的一个十分重要的工具，能够使建筑节能工作实现标准化。在未来的探索过程中应当付出更大的努力，这样才能够使文中所提出的目标得到更好的完善与进步。

第六节　基于代码云的软件开发研究与实践

需求环境的不断发展，导致软件研发中代码重用、开发效率等问题越来越凸显。本节首先深入研究基于云计算的软件开发新理念，然后结合 AOP 和 B/S 架构技术，提出一种新的软件开发方法，即基于代码云的软件开发方法，描述了基于代码云的软件开发过程，并以某同城配送电商平台的开发为例进行了实证。实践表明，采用此方法能极大地提高软件重用与代码可定制性，符合高内聚低耦合的软件开发要求。

当前软件开发技术已经难以满足"互联网+"理念软件开发的需求，表现在软件重用率、软件部署、可维护性和扩展性等方面。云计算的出现给这一些问题的解决带来了机遇。目前市场成功产品也很多，如谷歌的 GAE、IBM 的蓝云等。

云代码是指存储在云端服务器上种类繁多的开源代码库，涵盖小到单一代码片段、大到大型软件框架的代码。开发人员将这些云代码复用或稍做修改后即可实现软件功能，进而提高软件开发效率。

一、代码云技术和面向切面编程

（一）代码云技术简述

基于云存储的代码云技术是通过将云计算、云存储、面向切面编程和浏览器 / 服务器 (B/S) 架构技术结合在一起形成的。它的服务驱动方式为云计算，编程方式主要是面向切面编程 (AOP，Aspect Oriented Programming)，结构模式为三层 B/S 架构，通过提供云代码定制服务 API，软件开发人员和软件开发项目组可以在线获取与定制云端代码，方便敏捷开发、项目组内协同、异地开发等，通过在线开发，积累云实现知识。面向切面编程的解耦性可保证系统中各个功能模块间的相互独立性，B/S 架构技术的"瘦客户端"模式促使三层分离，但同时又间接联系，从体系架构结构方面有利于软件项目的开发、部署与维护。

代码云编程模型起源于面向切面编程，主要作用是分离横切关注点并以松散耦合的形式实现代码模块化，使系统各业务模块和逻辑模块能调用公共服务功能。从没有逻辑关联的各核心业务中切割出横切关注点，组成通用服务模块，实现代码重用。一旦通用模块变动，系统开发人员只需要编辑修改调整此通用模块，所有关联到此通用模块的核心业务与逻辑模块即可同步更新。具体的编码实现可以分为关注点分离、实现和组合过程。其中分离过程主要依据横向切割技术，从原始需求中分离并提取出横切关注点与核心关注点；实现过程是对已分离出的核心关注点和横切关注点进行封装；组合过程的主要功能是连接切面与业务模块或目标对象，以实现一套功能健全的软件系统。

（二）面向切面编程

面向切面编程 (AOP) 是 20 世纪 90 年代由施乐公司发明的编程范式，可以用于横切关注点从软件系统分离出来。AOP 的引入弥补了面向对象编程 (OOP) 的诸多不足，如日志功能中就需要大量的横向关系。AOP 技术解决了将应用程序中的横切关注点问题，把核心关注点与横切关注点真正分离。

二、基于代码云的软件开发过程

基于代码云的软件开发过程包括了可行性研究、需求分析、设计、代码开发请求、代码获取、程序安装、编程整合以及测试维护八个阶段。其中可行性研究、需求分析、设计阶段是和传统意义上的软件开发过程相同的，但把编码、测试、维护阶段变更为代码开发请求、云代码获取、云代码程序安装和编程整合等阶段。

（一）可行性研究阶段

可行性研究是指在经过调查取证后，针对项目的开发可行性进行分析，主要分为技术可行性、经济可行性和社会可行性等方面，并形成详细的可行性分析报告。

（二）需求分析阶段

软件研发人员在可行性分析的基础下，准确理解客户需求，并和客户反复沟通，把客户需求转换为可描述的开发需求。需求分析主要分为功能需求、性能需求和数据需求。对于软件开发来说，需求分析阶段是最重要的环节之一，关系到系统流程的走向和数据字典的描述，需要将项目内部的数据传递关系通过流程图和数据字典进行描述，需要准确描述软件对相应速度、安全性、可扩展性等方面进行的分析，需要准确描述所开发软件的数据安全性、数据一致性与完整性、数据的准确性与实时性等。

（三）设计阶段

设计阶段分为逻辑设计、功能设计和结构设计三个主要的部分。逻辑设计主要是设计所开发软件的开发用例；功能设计主要是指对每个用例的功能以及功能之间的关系进行设计；结构设计主要是指程序编码和程序逻辑框架的设计，主要包括显示层、程序逻辑处理层、分布式节点处理层和分布式数据库存储层等环节的设计。

（四）代码开发请求阶段

根据前述可行性分析、需求分析和设计后，软件开发人员在线注册成功后，申请云代码服务，提出相应需求，云代码定制模块接受相应的需求后进行资源检索，然后解析请求信息，得到并解析请求的来源，最终获得满足要求的目标代码库的网络地址，建立申请与来源的信息通道。

（五）代码获取阶段

获取满足要求的云代码的网络地址后，服务器建立两者的联络，软件开发人员可以从云服务器上获取并自行下载所需的目标代码库。

（六）程序安装阶段

软件开发人员根据所开发软件的逻辑结构，安装已经下载到客户端的目标代码库，形成软件的基础框架或一个个的单独模块、公共功能模块和一批定制组件或代码块。此阶段，程序开发人员需注意代码块之间有无重复、接口冲突等。

（七）代码整合与编程阶段

经过前述 6 个阶段，软件初步架构、接口程序等已经基本到位，程序开发人员通过代码云方式进行程序编写，主要是整合与修改代码。

（八）测试维护阶段

测试阶段主要是对软件的逻辑结构、功能模块、模块间的耦合等情形进行测试，也可以定制测试云模块。

三、基于代码云的软件开发应用

为进一步介绍基于代码云的软件开发方法，我们以作者开发的某同城配送电商平台作为实例进行说明。

（一）开发环境

本节所述基于代码云开发的某同城配送电商平台的开发环境包括硬件、软件两个方面。

1.硬件环境

主要是两台普通 PC，i5-7400/8G/1T，要求在无线局域网状态，外网状态通畅。一台用于开发，另一台用于测试软件。

2.软件环境

操作系统：Linux 和 Win10。

Web 服务器：Apache 或者 IIS。

开发语言：PHP

开发工具：Composer

数据库：MySQL

（二）应用实例

同城配送业务主要是鲜花、快餐、外卖等服务，该平台用于构建以公司内部服务为核心，以同城配送为主要业务的电子商务网络平台，要求技术先进、使用方便、系统安全，实现同城配送管理的电商化，食品、鲜花等服务资源的一体化，实现会员、服务来源与配送信息、车辆和配送员等数据的高度集成，该平台全部基于代码云的软件方法设计并开发。

1.系统总体结构

采用四层架构，可以充分发挥云计算的特性，提高资源与数据的公用共享，可以更便捷的部署与维护，实现"瘦客户端架构"，用户可以通过 Web 浏览器实现对系统的访问。

2.云代码定制模块

在设计系统时，紧密结合同城配送平台自身业务需要，利用定制云代码服务功能，达到设计并实现云代码定制模块的目的。系统配置文件包括程序设计员设置的云代码服务的申请与配置信息。云代码定制主要目的是解析系统配置文件，从目标云代码网络位置将目标云代码下载到本地。然后自动安装程序，将目标代码包安装部署到主程序内。

云代码定制可以实现配送平台主要功能模块的编码，从云代码库可以很快找到实现用户管理、权限管理、通用查询等功能代码。但云代码定制也存在一定问题，对公共模块处理功能强，但对核心代码模块支持少，且程序员还必须在一定程度上进行修改。比如，数据库结构、权限控制、核心业务功能、特色业务功能还需要程序员根据需要自行编写。

3. 主要功能模块

根据同城配送业务的需求分析，配送平台主要的功能模块有权限控制、用户管理（含管理员、企业管理人员、配送客户、资源提供商、同行等）、业务管理（订单管理、鲜花配送、食物配送、同城传递）、资源调配（配送资源调配、配送员调配）、财务管理（财务统计、财务报表等）、日志管理（系统日志、访问日志、安全日志等）和安全管理（数据库安全、web 服务器安全、云代码安全等）。在这些模块中，登录认证、权限控制、用户管理、日志管理和安全管理等都可以直接从云代码定制获得，而资源调配、业务管理等需要程序员根据需求自行编制。

4. 平台数据库实现

考虑到跨平台性、稳定性和开源性，采用 MySQL 作为数据库开发工具，针对平台业务实现，数据库共分为 54 个表，其中主要有用户权限表、基础字典表、客户表、地区表、订单表等。

5. 可以借助云代码实现的模块

（1）云代码管理模块。云代码管理模块基于代码云技术设计，目的是提高平台代码的可重用率，降低各功能模块之间的耦合度，便于解耦各模块。

（2）权限管理模块。权限管理模块基于 RBAC 模型设计，使用代码云方式，通过权限与角色关联、角色与用户关联两个步骤，使用户与权限分配在逻辑实现分离。平台首先设置了字典表，对各角色之间的关联做出解释，将权限管理模块嵌套到平台中。权限管理主要代码如下：

```
public function StrQuery($sql，$type=1)
{
$data=new MySQLi($ths->host，$ths->uid，$ths->password，$ths->dbname)；
$r=$data->query($sql)；
if($type==1)
{
$attr=$r->fetch_all()；
………
foreach($attr as$v)
{$str.=implode（"^"，$v)."|"；}
return substr($str，0，strlen($str)-1)；}
else{return$r；}
```

　　}

　　（3）用户管理模块。基于 My SQL 数据库，平台用户管理分为管理员、企业管理人员、配送客户、资源提供商、同行等，实现用户登录、注册、权限管理等。

　　（4）数据库操作模块。该模块主要通过后台页面登录进去后，根据其不同权限和系统 cookies 等数据对象，实现后台数据库的增、删、改、查操作。数据库连接的主要代码如下：

session_start()；

$username=$_POST［"username"］；

$password=$_POST［"password"］；

………

$result=mysql_query($sql，$connec)；

if($row=mysql_fetch_array($result))

｛

session_register("admin")；

$admin=$username；

………｝

else

｛

……'）；｝

　　（5）通用查询模块。可根据用户要求，选取查询字段或字段组合，自动生成 SQL 语句后，返回查询结果。

　　（6）通用统计模块。通用统计模块主要是验证用户登录后可以根据实际情况，按照不同权限使用时可进行通用统计。提供固定统计字段统计模板和自定义统计模板供用户选择。

　　（7）日志功能模块。主要为系统日志、访问日志、安全日志。目的一是排错，二是优化性能，三是提高安全性。日志功能模块主要代码如下：

$ss_log_filename=/tmp/ss-log；

$ss_log_lvls=array(

)；

function ss_log_set_lvl($lvl=ERROR)

｛

………｝

```
function ss_log($lvl，$message)
{
global$ss_log_lvl，$ss-log-filename；
if($ss_log_lvls[$ss_log_lvl]<$ss_log_lvls[$lvl])
{
………
}
$fd=fopen($ss_log_filename，"a+")；
fputs($fd，$lvl.-[.ss_times*****p_pretty().].-$message."n")；
fclose($fd)；
………}
function ss_log_reset()
{global$ss_log_filename；@unlink($ss_log_filename)；
}
```

（8）其他功能模块。主要是附件上传模块及服务器管理、数据库安全模块等。

以上模块都可通过代码云技术实现，即提高开发效率，又方便业务模块调用，实现解耦。

6. 自行开发模块分析

（1）业务管理模块。包括订单管理、鲜花配送、食物配送、同城传递等。业务管理模块核心代码如下：

```
$name=$PHP_AUTH_USER；
$pass=$PHP_AUTH_PW；
require（"connect.inc"）；
………
if(mysql_num_rows($result)==0)
Header（"HTTP/1.0 401 Unauthorized"）；
require（'error.inc'）；
```

（2）资源调配模块。包括配送资源调配、配送员调配等，主要代码如下：

```
$cachefile='op/www.hzhuti.com/'.$name.'.php'；
$cachetext="<?phprn".'$'.$var.'='.arrayeval($values)."rn?>"；
if(!swritefile($cachefile，$cachetext))
{
```

exit（"File：$cachefile write error."）；

　　}

　　（三）基于代码云的软件开发的特点

　　基于代码云的软件开发主要具有如下特点：

　　1. 代码重用性好：程序员可以利用代码云技术简单地获取所需源代码和定制代码库，从而利用现成的云端代码来完成特定功能，代码重用性好。

　　2. 耦合性好：基于代码云开发程序能实现项目中公共模块分离，业务模块能够解耦性地调用公共模块。

　　3. 可维护性强：功能模块基于云代码服务，软件维护成本小，云代码库本身都是已经调试好的，前端与后端分离，应用面向切面编程思想都可以确保可维护性强。

　　4. 生产效率高：云代码服务化使得无效编码减少，缩短了软件开发周期，从而确保软件生产效率高。

　　本节在分析当前云程序开发背景及传统软件开发存在问题的基础上，提出了代码云技术，着重介绍了基于代码云的软件开发过程，并以某同城配送平台作为项目实践，完成了项目的设计与实现，得到了预期研究成果。实践表明，基于云代码技术开发程序，可以有效提高工作和部署效率，提高代码可定制性和复用率，实现高内聚低耦合，在软件开发领域具有很强的实践意义。

第七节　数控仿真关键技术研究与软件开发

　　数控仿真技术对于工程以及教学方面具有显著的用处，通过对数控仿真技术研究以及对其软件进行的开发能够很好地保证工程的可行性，对于提升工程工作效率有明显作用。

　　本节通过分析数控仿真以及软件开发的基本结构，阐述了数控仿真技术以及软件的开发、功能以及运行。通过对比数控仿真技术研究软件开发的优缺点，提出了关于数控仿真关键技术研究与软件开发的实际应用。

一、数控仿真技术研究及软件开发基本结构

　　（一）数控仿真技术研究软件开发

　　对于数控仿真技术研究软件开发来说，实际关键技术的研究开发主要是关注数

控仿真技术与不同种类的软件结合进行相应的操作。最常规使用的软件就是目前基于 VC 系统操作的数控软件。就系统来说，由于在使用数控仿真技术研究时需要对于处理物件的三维立体有具体的要求，因此，此系统可以保证在实际的程序开发运行中使用到的程序开发量比较少。但是，在我国目前对于数控仿真技术研究软件开发中，这种系统仍处于初步阶段，可使用范围以及领域比较窄。除此以外，还可以使用数控仿真技术研究软件开发结合到数控的二次开发中，利用数控仿真技术对于二次研究软件进行开发，这是我国目前较为普遍的数控机床操作模式。数控仿真技术研究软件开发结合二次开发主要是考虑到不同的系统成本上的区别，对于实际企业的开发来说难度较低且应用范围较广，是目前较为热门的软件开发。

（二）数控仿真技术研究软件功能

数控仿真技术研究软件开发使用功能主要考虑到实际的机床模型，通过对不同型号的机床以及不同规格的机床建立模型。通过数控仿真技术研究软件开发能够对虚拟车床以及虚拟操作界面进行合理的操作。数控仿真技术研究软件的开发不仅能够保证在实际使用过程中实现机床的虚拟操作以及编辑修改功能，还能通过建立动态的连接，把实际的机床仿真功能结合实际的操作，实现数控仿真技术控制机床的虚拟界面，进行实际的材料加工以及成型。另外，数控仿真技术研究软件开发还能进行几何模型的建立。通过模型的建立把复杂的三维模型进行实际分解，通过软件技术建立三维立体数据方程，实现图形的转换以及连接。

（三）数控仿真技术研究软件运行

对于数控仿真技术研究软件的运行驱动需要多个步骤进行操作。在进行数控仿真技术研究软件开发时，需要对程序进行破解以及分析，通过对数控仿真技术研究软件开发分析以及破解，在数控过程中对信息进行筛选，将数控仿真技术研究软件开发过程中错误的信息进行剔除，同时提交正确的修改代码，将正确的修改代码进行运行，再进行扫描并且译码。数控仿真技术研究软件开发译码的过程中需要对程序进行嵌入，将需要运行的程序扫描然后装入到数控仿真技术研究软件中，通过执行数控仿真技术研究软件开发的程序，采用电脑系统进行译码。除此以外，在电脑系统的内存运行过程中也能实现缓冲译码，通过对不同步骤的录入记性缓冲，将破译后的编码记性汇编，包括进行必要的计算。

二、数控仿真技术研究软件开发特性

（一）数控仿真技术研究软件开发优点

对于数控仿真技术研究软件开发来说，数控仿真技术研究软件具有十分多的优点。首先，数控仿真技术研究软件的开发环境十分逼真。在软件开发的虚拟加工环境中，数控仿真技术能够建立逼真的界面框架，通过虚拟界面的三维导向，将系统中读取到的数据进行分析并且以三维彩图的形式进行展示，在数控仿真技术研究软件中使用者可以通过控制操作界面，对产品机床进行全方位的观察，并且数控仿真技术研究软件可以将实际的数据比例以及操作演示生动体现，能够全面展示产品的外形。其次，通过实现数控仿真技术研究软件的开发，彻底解决了训练设备的问题，在传统的数控研究中需要操作者对机床进行实际的操作演示并且要求操作者对于设备的数据以及各方面信息十分了解，同时还要求操作者具备应用的素质，确保操作者在使用前受到了严格的培训。在此过程中，不仅耗费大量的人力物力，而且无法确保操作者能够完全掌握，容易发生安全问题。而使用数控仿真技术研究软件不仅对操作过程进行全程仿真，而且有效地防止了操作者出现技术以及安全问题，增强了操作者的操作且为日后的使用打下基础。

（二）数控仿真技术研究软件开发不足

数控仿真技术研究软件开发虽然存在许多优势，但在实际的操作过程中仍然能够找到许多不足之处。数控仿真技术研究软件不能完全实现并展示实际操作中的设备所有功能。在对数控仿真技术研究软件开发中，不同的虚拟操作对于虚拟界面的要求也不同，不同的虚拟演示在操作过程中运行的代码也不尽相同。因此，就要求数控仿真技术研究软件开发者在实际的研发过程中设定不同的算法，在对于不同的操作界面发出的操作指令进行破解并且设计不同的操作代码。而在操作者实际的使用过程中，如果出现有区别于数控仿真技术研究软件开发中实现的程序操作就需要操作者自行设定算法对数控仿真技术研究软件开发进行实际分析，这就导致了数控仿真技术研究软件对于操作者的技能要求增大，利用数控仿真技术研究软件操作难度增强。同时，在实际的操作过程中需要使用到不同型号的工具以及零件，在数控仿真技术研究软件开发过程中很难涉及不同型号以及不同的零件，这就导致数控仿真技术研究软件开发成本增大且可使用范围变窄，降低了数控仿真技术研究软件的使用率。

三、数控仿真技术研究软件应用

（一）数控仿真技术研究软件结合 CAD

在数控仿真技术研究软件的开发应用中，使用 CAD 绘图软件可以与数控仿真技术研究软件进行完美结合。在数控仿真技术研究软件开发操作中需要软件设计者对设备模型进行浇筑成型。在实际的操作中使用 CAD 绘图软件，将设备的实际状况利用绘图软件进行描绘，然后利用数控仿真技术研究软件技术，将绘制完毕的设备图以及相关设备的数据资料进行导入，利用数控仿真技术软件的虚拟操作界面进行操作，通过数控仿真进行加工，将数控仿真技术软件中搜集到的绘图软件数据进行直观显示。利用数控仿真技术研究软件还可以实现原始设备的参数调整，有利于后期的加工设计，便于操作者快速满足加工需求。

（二）数控仿真技术研究软件应用教学

数控仿真技术研究软件开发还可以应用于实际的操作教学中，通过数控仿真技术研究软件结合实际的教学软件可以代替传统的教学方法以及传统的教学模式；通过数控仿真技术研究软件满足对于操作者的高要求，降低培训就业成本；通过数控仿真技术研究软件的开发以及操作，多样化地实现目前企业对于数控机床的使用要求，同时增加了数控培训人员的多元化；通过数控仿真技术研究软件的帮助提升受训人员的积极性。

（三）数控仿真技术软件校正检验

在数控仿真技术研究软件运行过程中需要实现运行基础以及运行程序，保证在实际的操作中机床能够运行。除此以外，不同的操作还可以结合实际的操作来运行，通过使用数控仿真技术研究软件操作界面以及虚拟程序的运行对实际物件进行全方位的评估以及实验，保证在实际操作中的完整性。同时，在开始实际的机床操作之前，利用数控仿真技术研究软件记性校正以及检验能够保证程序安全可靠地运行，减少材料的损耗，提升实际的生产效率。

数控仿真技术研究软件开发适用于高精度以及高精密度的工程项目中，不仅能够保证工程设备的准确性，还能提高工作效率，是未来工程应用领域的核心技术。

第八节　软件开发架构的松耦合

"开发架构"这个称谓对于大部分开发人员来说，可能使用"开发视图"更容易理解。应用架构包含了我们通常理解的架构视图的绝大部分，除了进程、部署等视图。无论称谓是什么，这里专指应用系统在开发环境中的静态组织结构，也是项目开发人员具体的工作环境。因此，这部分的松耦合与项目开发人员密切相关。

实际上，在开发阶段，绝大多数人接触到的松耦合基本属于这一类。无论我们读过的代码设计相关的书，还是实际工作经验，又或是来自一些支持 AOP 的第三方框架的约束，这些都会促使我们按照一种良好的松耦合的方法来编写代码。如面向接口、继承、多态以及各种相关的设计模式等。本节主要侧重于探讨针对我们编写的模块以及如何处理模块之间松耦合的问题。

一、API依赖的松耦合

我们开发的绝大多数应用是分层的，如常见的 Web 应用分为展现层、服务层、持久层。应用分层便会存在层与层之间依赖的问题。如 Spring 等框架，通过依赖注入，使得层与层之间的依赖实现了松耦合。层与层之间的依赖注入，可以有两种形式。

面向接口，是层与层之间通过接口实现松耦合。上层模块根据配置在容器中查找接口的实现，下层模块需要实现接口并注册到容器中。这种方式，接口成了层与层之间的耦合点，接口的变化会同时影响上下层。

面向代理，是层与层之间不再有接口上的耦合。上层根据需要，定义一个接口代理，这个代理会自动查找下层模块的实现。下层模块不必实现相关接口，只需要在容器中注册即可。这种方式的好处是不存在接口变化的影响（尤其对于 Java 这种编译型语言）。但是它会产生更细粒度的依赖。如方法，因为至少需要在上层的代理中指定下层的组件名、方法、参数等信息。

即便位于同一层中的各个模块（如服务层），也存在相互依赖的问题。如订单服务需要访问客户服务获取客户资料。这种情况的解决方式应该和层与层之间的依赖类似。同一层各个模块之间的依赖（尤其是服务层）相对比较复杂的地方是对于传输对象的处理。如订单服务需要调用客户服务获取客户资料，积分服务也需要调用客户服务获取客户资料。那么对于客户服务返回的客户资料传输对象，会形成一种模块间的耦合关系。总体来讲，可以有以下 3 种。

1. 将每个模块发布服务的传输对象单独打包，依赖该服务的模块只需要依赖该传输对象的发布包即可。

2. 将项目中所有模块的传输对象合并打包，各模块都依赖这个传输对象包。这是第一种方案的"懒惰"版，毕竟如果模块数量非常大时，管理工作量会比较大。当然这种方式的缺陷也很明显，是与模块化方向背离的。

3. 每个模块使用自己的传输对象。这种方式只适用于那种弱依赖的远程调用（像本地调用、Spring Http Invoker 这种强依赖调用是不可行的）。也就是说，当模块调用外部服务时，按照自己使用的数据定义传输对象。这种方式是耦合性最小的方式（部分讲解微服务的书也提到了这种处理方式），因为不需要关注服务发布方的全部数据，而是按需获取。这是一种很理想的服务调用方式，但是现实却是很多数据在多个模块之间是重复的。对于上面的例子，也许无论订单还是积分，都需要获取客户的名称、地址、联系方式等信息。结果就是，在这些模块的传输对象中，都需要重复包含这些信息。

二、模块的松耦合

在一个工作场景中，实际上无论是 B/S 还是 C/S 结构的系统，无论我们最终将应用系统部署到服务器还是将服务器作为一个组件嵌入到应用当中，本质上来说，它还是遵从了 Servlet 规范（此处指绝大多数，而不是所有）。虽然 Servlet 规范提供了多种模块化机制，但是它的入口却只有一个，即 web.xml 描述文件。如将 web.xml 中的配置以注解或者 webfragment.xml 的形式分解到各模块中，也是实现松耦合的关键。可以将上面的场景作为模块松耦合目标的一部分。而且这个层面的松耦合更有助于我们将系统向更细粒度的部署架构方向演进。可以说，这种方式已经距离微服务架构一步之遥，而且由清晰的模块化架构到微服务，这种循序渐进的架构重构更易成功实现微服务化治理。不仅如此，这种架构极易回退，如果认为微服务并不适合，至少有两种方案可以采用 Servlet 规范的模块化机制实现将模块独立运行。

Servlet 规范支持应用配置的模块化和可插拔，主要分为 3 种方式：1. 注解。2.SCI。3.webfragment.xml。这 3 种方式都可以用于实现模块之间配置的松耦合，尽管它们的实现方式有所区别。对于注解的方式，我们需要在每个模块中定义自己的 Servlet、Filter 并添加相应的注解，用于分发处理当前模块的请求，以代替原有 web.xml 中的配置。理想情况下，web.xml 中不保存任何配置（由于应用服务器都会提供默认的 web.xml，因此项目中甚至可以不需要该文件）。这样，每个模块都变为一个可部署的 Web 应用（暂时不考虑静态文件，接下来会单独讨论）。模块与模块之间，除了必要的 API 层面的依赖，不会存在任何配置依赖。

实际情况可能要稍微复杂一些。如设置请求 / 响应编码、安全认证，这些通用 Filter 我们更希望统一配置，而不是每个模块都要配置一次。此时，可以单独保留一个通用的"门户"模块，用于保存系统的这些基础配置。这个"门户"模块与其他模块并没有任何依赖关系，只是提供了请求映射层面的基础功能，因此它是可以轻易替换的。如果使用的是一个来自第三方框架的 Servlet 实现，此时使用注解并不是一个好的选择（除非愿意实现它的一个子类或者装饰类，以便添加注解）。此时，可以使用 @Web Listener 注解，以编码的方式添加 Servlet，或者采用 SCI。SCI（Servlet Container Initializer）基于 SPI 机制，以编码的方式添加 Servlet、Filter。与注解相比，它扩展性更好。这两种方式都能在脱离 XML 的情况下，实现 Web 应用配置的模块化。

对于开发架构的松耦合，主要体现在如何解决 API 依赖以及模块产出物（代码、配置、资源文件）的分解上。这种分解便于模块以更轻量级的方式运行，有利于系统整体架构向轻量级架构转型。如果将当前系统重构为微服务架构，不妨先尝试如何做类似拆分，这种拆分一定是由业务进行驱动。系统以松耦合的模块化架构运行无碍后，微服务架构便已是一步之遥。

第九节　基于 SOA 的软件开发的研究与实现

随着软件技术的不断发展和 Web 技术的应用，面向服务的软件系统开发的方法也得到了迅速的发展。本节提出了 SOA 框架设计的方案，对基于 SOA 的软件开发的关键性技术、功能实现进行了分析和研究，具有一定的应用价值。

一、面向服务体系结构分析和研究

（一）面向服务体系结构分析

面向服务体系结构（SOA）是一种组件模型，在面向服务体系结构中，面向服务是指体系结构应用程序中的功能，并且各个功能之间的互通是通过定义好的接口来进行连接的，通过中立的方式对接口进行定义，接口与硬件平台和操作系统之间是相互独立的。面向服务体系结构对接口进行中立的定义，称之为服务间的松耦合，松耦合的系统中体系结构比较灵活，系统中应用程序服务中的内部结构发生变化时，松耦合系统还是可以独立存在的。松耦合与紧耦合正好相反，在紧耦合的系统中接口和系统之间关联比较紧密。如果系统中应用程序发生改动，那么整个系统会发生变化，紧耦合系统比松耦合系统脆弱。在 SOA 系统应用中，业务的灵活性需要引进松耦合系统，在应用系统中业务的需求是不断变化的，松耦合系统可以适应不同环境变化的需要。基于 SOA 体系结构软件开发的整体设计是面向服务的，SOA 应用的基础技术是 XML 可扩展标记语言，通过 XML 可扩展标记语言对接口进行描述。基于 SOA 软件开发的安全可靠是最终目的。

（二）面向服务体系结构的研究意义

SOA 与传统的体系结构相比，具有松散耦合和共享服务等特点。松散耦合的应用可以帮助服务的提供者和使用者在接口上更好地进行独立的开发，系统中服务的使用者在对服务接口和数据进行更改的时候，不会受到任何影响。松散耦合可以帮助系统根据高可用性的需要来实现对系统应用程序独立的管理，SOA 中松散耦合为系统提供了重要的独立性。通过基于行业标准的技术就可以实现 SOA，把系统中特定的标准消除，使系统不再受平台技术和行业技术垄断的束缚，对所有服务进行优化。基于面向服务体系机构的应用程序采用共享的基础框架服务，可以进行单点管理。

（三）面向服务体系结构相关技术应用

SOA 中服务的使用者通过接口访问应用服务，服务应用的接口是通过网络来进行调用的，这和 Web 服务的设计理念和应用技术比较类似，所以在 SOA 中可以通过 Web 技术来实现。在 SOA 中没有具体技术，采用的技术集合有 Web 技术和 SOAP 技术等。SOAP 技术是基于可扩展标记语言 XML 的一种通信协议，对 XML 消息在网络中进行传输的格式进行了定义，在 SOA 中请求者和提供者之间通过 SOAP 对通信协议进行定义。SOAP 结构包括以下 4 个部分。

在 SOAP 结构中，SOAP 信封功能是对整体的表示框架进行了定义，对消息的内容和处理者进行表示；SOAP 编码规则功能是对编序机制进行定义；SOAP PRC 表示功能是对远端过程调用进行定义；SOAP 绑定功能是对完成结点间 SOAP 信封的交换所使用的底层传输协议进行定义。

二、面向服务软件体系结构框架设计及功能实现

（一）面向服务软件体系结构框架设计

SOA 是应用程序体系结构，所有相关的服务都被定义成了独立的服务，通过可

调用的定义好的接口对服务进行调用来实现业务的流程。SOA 设计要以结构层次清晰、功能和服务可随意扩展、服务功能复用度高为设计理念，采用分层设计的原则，按照不同应用服务的需要对结构进行逻辑划分。系统在设计的时候采用 Web 服务功能丰富的 J2EE 1.5 作为系统平台，J2EE 1.5 对系统服务的应用进行逻辑划分，并且可以加强计算机的计算能力，J2EE 1.5 是一种完全分布式计算模式的代表。

在基于 SOA 的软件开发系统的层次结构设计中，表现层的设计目标是对多个客户端请求进行集中处理，提高请求处理的扩展性，可以在系统中加入新的功能。表现层通过前端控制器来处理所有的请求，通过后端控制器把请求处理的命令或者视图都调用起来。表现层的设计使系统模块化的程度得到了提高，对模块化的组件进行了重用，系统模块的可扩展性也得到了提高。业务层的设计目标是防止业务层与客户端之间发生紧耦合的情况，为业务对象提供远程访问的功能。业务层的设计为远程客户端访问服务提供一个专门的层，降低系统中各个层次之间的耦合，简化应用服务的复杂度。服务层设计目标是把现有的服务都提供给客户端，并监视客户端对服务的使用情况，根据服务的需求对服务的使用进行限制等。基于 SOA 的软件开发结构体系的设计，需要按照分层思想对系统的体系结构进行逻辑区间的划分，使 SOA 层次结构清晰，功能模块可以根据需要进行扩展。

（二）面向服务软件体系结构功能分析

在基于 SOA 的软件开发系统的层次结构中，客户端层包括应用系统的所有客户端的设备，Web 浏览器和系统扩展连接的 WAP 收集都可以作为客户端。表现层把系统访问的客户端和服务的表现逻辑都进行了封装，表现层功能是对客户端的请求进行统一管理，为客户端提供了单一的登录入口，建立会话管理，把对业务访问的请求响应返回给客户端。业务层为客户端提供各种应用的业务服务，业务数据存放在业务层中，系统相关的业务处理都是在业务层完成的。服务层负责与外部系统进行通信，服务层与资源层之间通过 Web 服务等进行协作，服务层中可以设置 Web 服务代理，负责一个或者多个服务组件之间的交互，通过聚合方式对响应的信息进行管理。资源层在功能设计上主要是存放业务数据和外部数据信息资源。

随着分布式计算方式的研究和应用，在软件的应用集成和软件的重用方面，SOA 得到了具体的应用。通过对基于 SOA 的软件开发的分析和研究，可以让 SOA 在软件的开发应用中发挥巨大的作用，基于 SOA 的软件开发的研究与实现具有一定的研究和应用价值。

第十节　软件开发中的用户体验

信息技术的发展使信息产品广泛应用到社会生产和人们的生活中，并在推动社会产生效率和提高人们生活便捷方面发挥了重要的作用。信息技术是推动社会发展以及对社会做出改造过程中的重要工具。因此，在软件设计工作以及开发工作中，应当将人的需求当作重要的依据，要站在不同用户的角度去考虑问题，以满足用户需求为第一目标，尽量避免软件推出之后出现问题。

一、重视用户体检的意义

在软件设计以及开发的实践工作中，软件的设计者以及开发者往往关注软件的功能，而没有强调用户的体验。换而言之，软件功能事先并没有引起足够的关注。然而这一因素在产品的设计与开发中恰恰发挥着决定性的作用。对用户体验的重视，不仅有利于提高用户对软件本身的评价，同时也有利于软件设计和开发质量的发展，能够具有更加明确的设计思路，从而确保软件设计与开发工作具有良好的发展方向。

二、软件设计开发中的用户体验阶段

由于软件设计和开发具有周期性，而不同阶段对用户体验所产生的影响也存在差异。所以，在软件设计开发准备期、交互期、反馈期，用户有着不同体验。从发展趋势上来看，用户体验在准备期以及交互阶段前期，呈逐渐上升的趋势；而在交互阶段后期和反馈阶段，用户体验则呈现下降的趋势。理想的用户体验发展趋势应当是在准备期、交互期和反馈期呈现出平稳态势。

（一）准备期

软件设计开发的准备期是软件用户在获得产品以及使用产品之前的阶段。用户对产品的认知仅仅停留在设计者或者开发者所提供的设计思路上，虽然没有对软件产品本身展开实际交互，但是对用户的心理产生了一定的影响。因此，软件设计开发人员应当从用户角度出发，最大程度了解用户对产品的渴望与需求方面，可以从方便用户操作、以最少步骤满足用户需求、界面更加符合用户的审美观等方面考虑。由于准备阶段中的用户体验直接影响着产品在用户心中的形象，所以如果这一阶段产生问题，很容易让用户对软件产品或者软件团队产生负面影响，影响对产品的第一印象。所以只有做好这一阶段的用户体验工作，才能为后面阶段中的用户体验工作做好铺垫。

（二）交互期

所谓交互期就是用户试用产品的时期。在这一段时间，用户和产品开始频繁的交互，通过使用产品对其有了更多的了解。因此，交互期是用户对产品体验的重要时期，也是软件开发设计人员最注重的时期。由于在这一阶段，软件产品能帮助用户解决一些实际问题，用户对软件的舒适性、方便性以及快捷性有一定的要求。因此，软件产品一是要具有完善的实用功能以及实用性；二是软件产品需要能够满足用户视觉方面的审美享受，同时要有助于客户加深对产品的理解。所以，通过在这一阶段提高用户体验，可以有效提高用户对软件产品的认可程度，并推动软件产品市场占有率的扩展。

（三）反馈期

反馈期是用户对软件做出评价和改进意见的时期。由于软件产品有着较长的使用周期，所以这一时期比较容易被忽略。这就需要软件开发设计人员的高度重视，能够确保用户在软件开发设计的整个周期都有良好的用户体验，同时可以彰显出自身的职业道德和专业水平，这对于推广软件产品本身和软件团队形象都是具有重要意义的。

三、用户体验的提高策略

（一）注重界面设计，对软件具有一个良好的第一印象

不同的用户有着不同的个性化特点，带有非常强烈的主观性。因此，对软件开发者来说，应该打破传统的设计理念，结合该软件所面对用户的特点进行设计。譬如，可按照用户的操作习惯布置控件的位置，根据用户的喜好设置界面的主色调、合理的错误提示及处理、完善的帮助体系。

（二）注重软件的适用性及运行效率

一个软件的好坏，它的适用性非常重要。若软件产品功能无法满足用户需求，何来的良好用户体验，所以软件的适用性是良好用户体验的前提也是必要条件。软件开发设计的时候还需要注意对算法的优化、用户长时间的等待而产生的不满情绪。因此，对软件开发设计者来说，应该在不影响软件程序本身功能的前提下，对软件的代码进行相应的优化，提高软件的运行效率，从而让计算机用户能够体验到高运行效率的软件，使用户成为该软件的长期用户。

（三）软件功能要满足用户的人性化需求

软件的最终目的就是解决问题，既要满足用户在某项功能上的需求，又要为广大用户提供良好的服务。譬如，一些统计数据可做动态联查，一层层提取数据，让用户更加明确数据来源；在页面中显示的内容可让用户自行配置，显示用户个人所关心的信息；重视检索功能、方便用户查询等。这些细小的设置，能为用户提供更加人性化和灵活的服务。这就需要软件开发设计者在进行软件设计的时候，能够将用户体验放在首位，让软件产品切实发挥服务的作用，注意软件程序中的各个模块进行合理、灵活的搭配，能够根据用户的需要而提供不同的操作方式，便于用户选择自己习惯的操作方式。

在以人为本的时代，为用户提供个性化、差异化的体验将成为软件公司的核心竞争力。良好的产品体验会提升产品的档次与价值，同时也会增加用户对产品的忠诚度，重视用户体验，为用户提供一个美好的未来，也为企业增加更多的用户群，最终实现共赢。

第五章　计算机软件的测试技术

第一节　嵌入式计算机软件测试关键技术

随着我国社会经济和科学技术的飞速发展，计算机科学技术处于蓬勃兴起的时期，这也带动了嵌入式计算机软件测试系统的结构和软件架构更加先进、复杂，其核心技术更是成为带动行业发展的重要力量，软件运行的可靠性和使用度得到了各行各业的重视。本节通过对嵌入式计算机软件测试系统的意义进行讨论，研究嵌入式计算机软件测试中的关键技术，以此提升嵌入式计算机软件测试的质量与水平，为进一步发展软件测试技术提供发展方向和技术革新的探索角度。

近年来，人们对计算机科学技术的需求不断上升，同时行业对软件测试系统的质量和性能的要求也不断提高，这就要求嵌入式计算机软件测试技术要不断进行创造和革新，以适应行业日益增长的高要求和高需求。嵌入式软件测试系统的重点在于检测软件质量。嵌入式计算机软件测试技术的应用范围越来越广，系统也变得越发复杂，这就要求人们必须加强对嵌入式计算机软件测试系统的开发，以适应社会发展。

一、嵌入式计算机软件测试系统的基本概述

嵌入式计算机一般是将宿主计算机和目标计算机相连接，宿主计算机是通用平台，目标计算机则是具有给嵌入式计算机系统提供运行平台的作用，两者之间进行相互作用，共同工作，确保系统可以正常平稳运行。宿主计算机工作的基础就是利用计算机进行软件的编译和处理，目标机再把编译好的软件进行下载，进而发挥出数据传输以及软件运行的基本功能。

由于嵌入式系统的自身特点，其应与宿主相匹配，嵌入式计算机作为宿主的组成部分，需在体积、重量、形状等方面满足宿主的要求；模块化设计，采用商用现货、并且可以相互使用，重复使用的硬件和软件，大大降低成本。伴随着嵌入式计算机

软件的适用范围不断扩大，软件的复杂程度不断提高，软件的测试难度也随之提升，在测试中需不断地切换宿主机和目标机。此外由于目标机需要大量时间与资金，而宿主机则不需要考虑到这些尤其是成本问题，科研人员正尝试将测试的方法进行改变，争取使测试只借助宿主机就能完成，进一步节省人力物力，有利于嵌入式计算机软件测试的全面发展。

二、宿主机的测试技术

一是静态测试技术。将需要测试的对象放入系统中，对各类数据进行分析，进而追踪源码，进一步确定出依据源码绘制的程序逻辑图和嵌入式计算机系统软件的相应的程序结构。静态测试技术的优点是可以实现各种图形之间的转换。例如，框架图、逻辑图、流程图等。这就改善了传统的用人工进行测试所带来的出错率大、效率低下的问题。静态测试技术在进行工作时，不需要对每台机器进行检测，只要凭借数据就能判断出系统的错误，既方便了操作，更节省了时间。随着技术的发展，嵌入式计算机测试软件越来越复杂，其开发工作不再是工程师可以完成的，并且软件的原始数据是分散存储在多个计算机系统中，以人工方式来完成嵌入式计算机软件的测试是不可能的。另一个技术则是动态测试技术。它的测试对象是软件代码，主要功能是检测关于软件代码的执行能力是否达到要求。动态测试技术的优点是可以找出软件中不足，便于有针对性地进行调节。此外，还可以检测软件的测试情况，研究其中已经开发完的数据，检测其完整性。同时，动态检测技术可以对软件中的函数进行分析，将每种元素的分配情况根据其内存显示出来。

三、目标机的测试技术

首先，是内存分析技术。由于嵌入式计算机存在内存小的问题，因而利用内存分析技术进行检测可以轻易确定其中问题部分。而且由于内存问题，嵌入式计算机软件发生故障的次数较多，进而无法进行二次分布，对数据信息造成影响，使其失去时效性。因此，利用内存分析技术可以检测内存分布的情况，找出错误的原因，针对其错误进行有目的的改正。一般情况下，对内存进行检测可以利用硬件分析的方法，但这种方式花费高、耗时较长，且易受到环境因素等外在条件的干扰，同时在进行软件分析时也会妨碍计算机的代码与内存的运行。所以，在对计算机内存进行研究时，可根据测试的需要，合理选择正确的方法，确保内存分析技术发挥出最好的功效。其次，是故障注入技术。嵌入式计算机软件处于运行状态时，可以依靠人工的方式进行设置，这就要求目标机的各类部件功能有所保障，可以使软件按照设置的时间和方式进行。而利用故障注入技术对目标机进行测试，可以有针对地测试目标机的某个性能，只测试其中一个部分。例如，边界测试、强度测试等。采取这个方法不仅降低了计算机软件的使用成本，更是将嵌入式计算机的运行状态清晰表示出来，方便了操作和观察。最后一项是性能分析技术。其主要作用是对嵌入式计算机系统软件的性能进行测试，以保证功能的稳定性。嵌入式计算机系统能否正常运行很大程度上是取决于程序性能的优异，性能分析技术可以很好地解决这一问题。它可以对程序的性能进行分析，发现其中存在的问题，找出造成该问题的根源，有针对性解决问题，减少了查找问题的时间，大大提高了工作效率，进一步加强了嵌入式计算机软件的质量。

综上所述，在计算机技术日益发展的今天，嵌入式计算机软件的适用范围不断扩大，将会应用于方方面面。而这就对其稳定性有了较高的要求，人们要对它进行测试，确保目标机和宿主机可以稳定运行，才能保证嵌入式计算机系统的质量，有助于嵌入式计算机软件测试技术的发展。

第二节　计算机软件测试方法

计算机软件测试与保护技术是确保计算机软件质量的最关键办法。计算机软件测试是增强计算机软件质量的重点所在，同时计算机软件测试技术也是开发计算机软件中最关键的技术手段。探究计算机软件的测试办法，有利于掌控计算机软件测试办法的好坏，通过详细的操作来改良计算机的测试办法，提高计算机测试办法的可行性，进而提升计算机软件的质量。

一直以来，怎样提高软件产品质量是人们关注的重点问题之一。软件测试是检测软件瑕疵的重要方法和手段，能够将软件潜在的技术缺陷和问题识别出来。出于不同的目的，有着不一样的软件测试办法。

一、计算机软件测试技术的概念

计算机软件测试技术就是让软件在特定环境下运行，并对软件的运行全进程展开全方位的详尽观察，并记录测试进程中得出的结果以及产生的问题。等到测试完成后，汇总软件不同层面的性能，最后给出评价。软件的测试类型可以从性能、可靠性、安全性进行划分。遵照软件的用处、性质及测试项目的类型，通过测试计算机软件，可以快速发现与处理软件中存在的问题，使计算机系统更加完备。通过计算机软件测试的定义，可以得出计算机软件测试技术的意义与作用在于将计算机系统中存在的问题全部暴露出来，再针对问题进行科学处理。首先，用户期望能发现并解决软件中存在的隐藏问题，且软件测试技术与用户的要求相吻合；其次，开发软件的工作人员则期望能通过软件测试技术来证明自己开发的软件是科学合理的，不存在毛病或者隐藏问题造成系统出错的情况。

二、计算机软件测试目的

当前，人们测试计算机软件使用的是 20 世纪 70 年代的计算机软件测试定义，即所谓的软件测试是执行检查软件所存在的瑕疵和漏洞的过程。这表明计算机软件测试的主要目的是检测出计算机软件所存在的瑕疵和漏洞，而不是通过执行计算机软件测试程序证明计算机软件的正确性和高性能。计算机软件测试成功与否的标志主要是看通过测试有没有发现从未发现的错误。由于计算机软件的瑕疵和漏洞会随着时间和其他条件的变化而有所不同，因此，在一定程度上我们所说的计算机软件的正确性是相对的，而不是绝对的。

三、软件测试方法

（一）黑盒测试

黑盒测试不针对软件内部逻辑结构内容进行检测，它按照程序使用规范和要求检测软件功能是否达到说明书介绍的效果。黑盒测试也称功能测试方法，它主要负责测试软件功能是否正常运行。在设计测试用例时，只需考虑软件基本功能即可，无需对其内部逻辑结构进行分析。测试用例必须对软件所有功能进行检测。黑盒测试可以将软件开发过程中漏掉的功能、接口、操作指令等问题检测出来，为程序员改进软件功能提供指导意见。

（二）白盒测试

白盒测试又可以称为计算机软件的逻辑驱动测试或者计算机软件的结构功能测试，其测试计算机软件的代码和运营路径，以及软件运营进程中的全部路径。计算机软件在白盒测试时，测试人员要先调查计算机软件的总体结构，保证计算机软件的结构是完好的，通过逻辑驱动测试获取计算机软件的运营速率及路径等相关数据，并加以剖析。计算机软件检测人员要先剖析电脑软件的程序是否符合标准，白盒测试无法检测出电脑软件程序存在的问题。如果电脑软件程序自身存在毛病，白盒是测试不出来的，那么在测定进程中就找不出计算机软件的问题。如果计算机软件产生数据上的错误，那么计算机软件的白盒测试就难以将软件存在的问题测试出来。在进行白盒测试软件时，还要依靠 JUnit Framework 等软件展开协助测试。

四、提高软件测试效率的方法

（一）尽早测试

在以往的测试中，由于测试时间较晚导致管理者无法快速控制软件开发存在的风险，并且越晚越容易出现问题，最后修改时会增加每一个单位的资金投入。从成本学的层面来讲，控制资金与风险是很有必要的。想要快速处理此问题就要提早检测，早发现早处理。首先，我们要边开发边测试，在弄清楚客户的要求后，要根据要求编制一个完整的软件测试计划，伴随剖析进程完成软件的测试。在开发软件时，测试人员要快速对软件展开测试，并依据测试结果得出专业化的评测报告。这样，开发人员就可通过检测后的指标来适时调整软件，也使管理者管理起来更容易。其次，要借助迭代的方式开发软件，将以往软件开发的周期划分为不同的迭代周期。测试人员可以逐个检测每一个迭代周期，这样将系统测试发生的时间提前，同时降低了项目的风险及开发成本。最后，将以往的测试方式改为集中测试、系统测试和验收测试，将整体软件的测试划分为开发员测试与系统测试两个阶段。这样做的优点在于将软件的测试扩展至整个开发人员的工作进程。这样就将测试发生的时间提前，通过这样的测试办法可提早提高软件的测试质量，减少软件的测试资金投入。

（二）连续测试

连续测试的灵感来源于迭代式检测方式。迭代式方式就是将软件划分为不同的小部分来展开检测，这样开发的软件可划分不同的小部分，也相对容易完成目标。在连续检测的进程中也是如此，在开发软件的进程中可将软件划分为每一个小部分来逐一解决。其中这些小部分可划分为需求、设计、编码、集成、检测等一连串的开发行为。这些活动可将一些新功能集中起来。连续检测就是通过不间断检测的迭代方法来完成的，发现软件中存在的问题，让问题能够快速得到处理，也可让管理者轻松控制软件的质量。

（三）智能测试

检测整体软件的作用在于尽早测试、连续测试，实际上就是提前检测时间，快速发现问题。这种测试办法是相当繁杂的，要是仅利用人工来展开检测，很浪费人力资源，并且极容易产生错误。所以，智能化检测工具是不可缺少的。智能检测的关键是借助软件测试工具来完善软件测试流程，这个程序对各种检测都适用。

（四）培养人才

在我国软件事业的飞速发展推动下，一些高端企业将软件的质量监督与维护当作发展的重点。所以，拥有一批测试能力强的专项人才、培养一批具备高素养的软件检测人员是我国软件公司发展的当务之急。这些人才可以为软件的开发提供完好的测试程序，使企业可以从容地展开软件的测试与开发。

总而言之，计算机软件测试可提高软件的性能，让计算机软件满足用户的需求，从而给用户提供更优的服务。为了能拥有专业水准高的测试队伍，我国要注重培养软件测试专业人才。

第三节　基于云计算的计算机软件测试技术

在科技发展的新时代，云计算技术的发展对我国现阶段的计算机软件测试技术的发展带来了一定的影响。为了探索基于云计算的计算机软件测试技术发展方向，本节对基于云计算的计算机软件测试技术的定义与特征进行了分析，并从测试任务与测试用户分类两个不同的方向对基于云计算的计算机软件测试进行了分类，并探索了基于云计算的软件测试的基本架构。

计算机软件测试技术是一种基于前瞻性的计算机使用方法，是一种预防计算机故障的有效方法，能够从根本上降低计算机的故障频率，从而提高计算机使用效率，提升用户的工作效率和使用体验。近几年，计算机软件的测试技术处于高速发展期，相继出现了多种测试模式。在实际测试过程中，可以人工创设虚拟环境来模拟现实环境对软件的运行程度进行监测分析，最终达到解决各种软件故障的目的。在进行计算机软件测试的过程中，要注意综合运用不同检测方式相结合的方法，才能够对软件的运行进行全方位的评估，才能确保软件故障无遗漏，确保计算机运行高效率与高稳定性。

计算机技术中的软件开发技术内容主要包括可信操作系统、程序设计语言、数据库系统、应用可移植性、软件工程、分布式计算与网格计算、Agent 技术、应用系统集成、软件安全等技术。国内经济的发展和互联网、计算机的日趋普及极大地推动了中国软件技术产业的发展。我国也在大力推行国民经济信息化，这为软件和信息服务业带来极好的发展机遇，使得国内计算机技术市场高速发展，同时造成国内软件市场对软件的需求量急速增加，成为推动软件市场高速发展的主要动力。

一、计算机软件测试方法与应用

（一）计算机软件单元测试方法

1.需要对一些编程基本程序进行了解与掌握。2.需要对软件的设计原理进行充分的理解，再基于程序的编程原理对编码进行研究分析。这个过程需要由专业的软件研究人员进行研究和开发。3.由于计算机软件单元测试方法过程必须在计算机驱动模块的基础上开展，所以在进行测试之前首先要对计算机的驱动系统进行测试。在实际的操作过程中，就是要通过控制流测试的方式对计算机系统进行排错处理。在确保以上3点的情况下，运用数据对照的方式进行故障排除，最终达到对软件单元以及模块的全面测试。

（二）计算机软件集成测试方法

在进行计算机软件单元测试的基础性测试以后，需要对软件集成系统进行测试，这是一种利用集成测试的方法，对软件的各个单元之间连接方式进行测试，检测单元之间的连接是否正确。如果软件各个元件和模块之间无法建立有效的连接，软件在运行过程中就会出现问题，进而影响计算机的正常工作。因此，我们需要在基础层面的更大层面，也就是大区域模块连接的层面上对软件进行故障排查与检测。这就是对软件集成测试的科学内涵。一般情况下，在对软件的大区域模块集成测试的过程中，能够深入了解软件内部各个模块和运算程序是如何进行运算和处理的，能够客观分析软件的运行状况，了解软件工作过程中运行模式是否统一，也能够发现在这个环节上是否存在问题与不足。在实际的检测过程中，对软件的集成测试方式有两种，一种是自上而下的检测，另一种是自下至上的检测方式。无论是哪种检测方式，都需要逐层检查，决不可跨层检测。只有这样才能够保证检测环节的完整性，避免在测试过程中出现遗漏的现象。

（三）计算机软件逻辑驱动测试方法

计算机软件逻辑驱动测试方法在行业内又可以称之为计算机软件的结构功能测试方法和计算机软件白盒测试方法。这种测试方法是针对计算机软件代码进行检测与测试的方式与手段。在实际的检测过程中，检测人员需要对计算机的软件运行过程中的路径进行整体的分析，分别对路径的合理性、可达性和效率性做出科学和系统的分析，同时还要了解计算机在使用软件过程中运行状况并进行系统分析。计算机软件逻辑驱动的测试方法是比前两种测试方法更高层面的检测方式，整个测试过程中必须要对整个运行过程路径有一个综合分析，这就需要我们在测试前期对整个软件逻辑过程进行系统调研分析，在一个相对完整的结构框架层面上进行检测工作。通过计算机软件逻辑驱动测试我们可以进行软件运行过程中的具体运行速度值，运算路径的详细信息比如路径合理性与通畅性，在获得了这些基础数据之后，再对软件运算过程进行科学评价，针对这个系统做出统一的整理与分析。

（四）计算机软件黑盒测试方法

计算机软件的黑盒测试是一种模式化测试的体现。通过对软件进行等价划分的方法对输入地区进行划分，整个划分过程都采用既定的测试方案系统处理。通过这种方式将软件划分成几个不相同的子集，每个子集下面的相关元素都是等价的，再通过等价划分的方式对每个子集进行测试。这种方式相对于前 3 种方式都更为便捷，在实施过程中也更为高效。因为每个不同子集下的所有元素都具有一般等价的测试条件，所以，在测试的过程中只需要在不同子集中选择一个元素进行测试即可。如果在测试的过程中需要对一些类似的特征进行测试，只需要对这些特征相似的元素进行集合划分处理，再进行系统程序完整性测试即可。在实际的操作过程中，也可以对划分的边界值进行测试，这种测试方式通过对测试结果取边界值的原理，对运行过程是否完整进行测试。

二、基于云计算的软件测试架构

与传统的软件测试平台不同，基于云计算的软件测试涉及的内容相对较多，这就必然导致整个平台的架构也异常复杂。现阶段，基于云计算的计算机软件测试架构已经逐渐成为一种复杂的软件、硬件以及服务的综合体系。基于云计算的软件测试架构主要分为以下几种不同的类型：1.YETI 测试云系统架构，该系统是英国约克大学开发的计算机架构，该平台部署于亚马逊所提供的 EC2 云中，同时还可以支持基于 Java 的自动测试；2.D — Cloud 平台，该平台是日本筑波大学开发的系统，在该系统当中可以完成大规模的分布式测试，同时在该平台当中还内置了虚拟故障插入技术；3.Cloud9，该平台是瑞士洛桑联邦理工学院基于 IBM 提供的云平台建立的软件测试系统，该系统不仅可以建立在公共云之上运行，同时还能够建立在私有云的基础之上运行。

云计算技术是现阶段信息技术的最新发展趋势，云计算技术的发展对计算机软件测试技术的发展也带来了一定的影响。但是从总体上来看，现阶段关于云计算的计算机软件测试发展并不完善，还存在着许多需要进一步解决与完善的问题。本节对基于云计算的计算机软件测试技术进行了简略的介绍，并分析了基于云计算的软件测试基本架构，希望能对现阶段我国的云计算计算机软件测试技术的发展有所帮助。

第四节　多平台的计算机软件测试

本节首先针对软件测试的概念进行阐述，并在此基础上就目前进行软件测试的平台进行分析，最后就建立在多平台的计算机软件测试方法进行论述，希望能够给予从事该行业的相关技术人员一些有价值的帮助。

由于计算机互联网技术的不断推广和发展，在社会日常生活当中，针对计算机软件产品的使用早已屡见不鲜。而在用户对计算机进行使用的过程当中，都会在计算机内部进行相关应用软件的安装和使用。所以，针对计算机软件的编写成为社会当下最为热门的职业之一。

一、计算机软件测试概述与过程

软件开发商为了让用户拥有更佳的使用体验，会在软件编写完成之后进行软件测试，其目的是尽可能地降低用户在软件使用过程中存在的不足和缺陷，让用户在使用过程中拥有更佳的体验。理论上越是复杂的软件就会存在越多的错误与漏洞，而开展软件测试的目的便是对可能被发现的漏洞进行修复。而如果软件开发商需要最大限度地对错误与漏洞进行修复，一般情况下就会选择在多个计算机平台当中开展软件的测试。但是目前针对软件测试的平台呈现多样性，软件开发商在对计算机软件进行测试平台选择的过程当中，必须要按照软件的运行特点，选择出合适的测试方式，这样才可以达到最佳的测试效果。

伴随着计算机技术的不断发展与成熟，软件测试这一概念也逐渐被人们不断提起，并且在近十年来开始走向科学化的发展。在计算机使用的初期，软件开发人员针对软件程序进行编写时，往往受计算机自身性能与用户对软件使用需求的影响，让软件的占用空间尽可能地降到最低，并且所编写的程序也较为简单，所以软件测试这一概念并未进行大范围普及。而到了现在，计算机技术已经日益完善和成熟，并且可以进行储存的数据量也越来越多，执行的任务也变得更加多样化。在这样一种大环境下，软件的编写人员在开展软件制作时，就会使一些较为复杂的软件中存在有许多漏洞。

例如：对全球使用用户最多的 Windows 系统进行分析，微软公司的技术人员在能力层面上肯定是世界先进水平，但是这些精英人才所制作出来的软件仍旧会存在很多的漏洞。所以用户会发现每隔一段时间之后，微软公司就会针对系统当中存在的漏洞发布补丁软件，对系统进行全方位的完善。而其他计算机软件也是同样的道理。如在一些计算机应用软件的更新通知中，都会对软件的此次更新进行说明，除了增加了相关的功能之外，该软件还针对系统上个版本之中的一些漏洞进行了完善。

软件开发是计算机在使用过程中一项重要的环节，因为计算机用户在使用计算机时是需要对相关软件进行使用的，特别是伴随着互联网技术的逐渐成熟，诸多的计算机软件对于人们的日常工作和生活有着极为重大的意义。但是，在对这数以万计的软件使用过程之中，软件如果存在一些较为明显的漏洞就会给用户的使用造成影响，并对用户的信息安全造成威胁，这样都会让软件开发企业受到巨大的经济损失。因此，软件编写者为了尽可能地杜绝上述现象的发生，在对软件编写完毕以后，往往都会选择一部分使用率较高的系统平台开展对软件的功能测试。依靠对软件的深入测试，开发人员不但可以将软件的功能性进行最大程度的优化，同时也能提前找出软件在使用过程中存在的不足。为了将测试效果最大化，软件开发人员往往会选择多个测试平台对软件开展测试。所以在世界范围内，针对软件进行测试的最主要特征就是测试平台的多样性。之后还需要针对软件在某个平台展现出的具体特点对软件在该系统运行过程中的相关数据进行调试。

二、软件测试的平台

（一）含义

软件测试平台的诞生，其主要意义就是增强技术人员对软件开始测试的效率。在早期的软件测试之中，技术人员在软件制作完毕以后，会随机选择几组数据输入到软件之中，由此对软件的运行状况进行检查，并以此找到软件在运行过程中出现的漏洞。这种原始的测试方式，对于软件的有效测试率极低，并且很难发现软件在功能使用方面存在的不足，而且无法找到软件当中的逻辑性错误。

而在多平台软件测试出现之后，便很好地解决了上述的问题。软件开发人员会将软件的运行流程分成若干个环节，并在不同的平台当中，逐一对各个环节开展测试工作，这样的测试方式在极大程度上提升了测试人员对于软件的检测效率，减少了软件测试周期，并且对于软件在功能、逻辑上存在的不足能够更及时发现。例如：在开展某计算机软件的测试中，技术人员一般会选择分布测试的办法，在多个计算机平台系统当中，使用相关的工具进行数据的检测与性能的测试。

（二）特征

软件开发人员为了能够最大限度地对软件测试效果进行增强，在测试平台的选择上，需要有一定的要求。因为软件在计算机上运行的流畅程度，往往与系统环境之间有密切的联系，在不同的系统环境当中，软件的运行情况可能会存在一定的差异。当下所使用的计算机软件当中，很大一部分需要进行联网软件才可以正常的运行。因此，若要对这些功能开展性能测试，软件就必须要在联网环境中开展运行。所以，软件的运行环境对于开展软件测试十分重要。

（三）常见测试平台

目前，在中国市场上，针对软件的测试平台较多。按照软件开发者的不同需求，这些软件测试平台的功能性也会有所不同。

国内常用的测试平台有 Test Center 软件测试平台与 PARASDFT ALM 软件测试平台。前者是用于对通用软件开展测试的平台，可以面对较为多样性的软件开展测试活动，并且在平台具有可以随时进行测试运行的优势。依靠该平台的使用，软件开发商可以极大程度地降低对软件进行研发的时间，提升软件开发者的工作效率。因为该平台可以面向计算机当中的全部软件，所以并没有十分显著的特征。但是在该平台当中却拥有较为多样化的模块，每一个模块都能够针对软件在某一方面的性能开展测试。而在 PARASDFT ALM 软件测试平台当中，却显示出很强的集成性。也就是说该平台更加适合技术人员在软件的初期研发过程当中开展软件的测试，同时按照对软件使用的编写语言的特点，PARASDFT ALM 软件测试平台当中配置有较为全面的测试工具，这些测试工具在使用过程中拥有极佳的反馈，IBM 公司与英特尔公司在内的多家知名企业均使用该软件测试平台。

三、多平台的计算机软件测试方式

（一）计算机软件多平台测试

就目前国内市场当中的计算机测试平台进行单一的观察，这些平台在使用过程中或多或少都存在不尽如人意的地方。因此，如果把软件只投放到一个软件测试平台开展测试，那么得到的测试结果必定是不全面的。这就需要软件开发商在多个计算机平台当中开展软件测试活动。对于现有环境的软件开发企业来讲，开展多平台的软件测试有着重要的意义，特别是在软件呈现多样化和复杂化的现在，软件不存在漏洞与错误是不现实的。必须要从各个方面着手，减少软件在使用过程中可能会对用户使用体验产生影响的缺陷。但是单一的软件测试平台测试是很难达到这一要求的，因此针对计算机软件测试，要采取多平台测试的方式，这是当前软件开发形势下对于软件开发商所提出的硬性要求。

（二）进行多平台计算机软件测试的方法

软件开发企业在进行软件的多平台测试过程中，需要注意以下两个问题：一是在不同平台测试时，相关技术人员的协作问题。因为每一个测试平台都是由不同的软件开发商进行研发，因此相关人员在对这些软件测试平台进行使用的过程当中，会因为测试平台的不同，使人与人之间对软件操作的适应性存在差异，这会让技术人员在正式开展对软件的测试工作时，相互配合出现问题。所以在开展实际测量时，技术人员需要对测试的方式进行统一。

二是技术人员在开展某一个计算机软件的多平台测试时，应首先对所测试软件的核心功能板块进行确定。如果软件的功能在开展测试时对于平台没有要求，若存在有针对性测试平台，就需要对该测试平台进行优先选择，杜绝全部选择通用平台而造成的测试结果不全面的现象，并且能够在某种程度上增强软件测试效果。在使用一个平台进行测试完成之后，再开展另一个测试平台的软件测试。这种流程一直持续下去，直到后面的平台检测中都没发现问题，则软件的测试工作方可宣告结束。

针对计算机软件的多平台测试，能够有效地让软件开发商在软件使用过程中及时找出存在的问题和缺陷，并进行弥补，并给予用户最佳的使用体验。同时，该测试也能够减少软件检测人员的工作负荷。因此，针对软件的多平台测试这一课题值得进行深入的研究。

第五节　计算机软件测试技术与深度开发模式

在软件测试过程中，为了满足实际工作的需要，展开相关测试模式的协调是非常重要的。比如，自动化测试模式、人工测试模式及其静态测试模式等。通过对上述几种模式的应用，确保计算机软件测试体系的健全，实现其内部各个应用环节的协调。

一、关于计算机软件测试环节的分析

本节就黑盒测试及其白盒测试的相关环节展开分析，以满足当下工作的需要。黑盒测试也被我们称之为功能测试，其主要是利用测试来对每一项功能是否能够被正常使用进行检测。在测试的过程中，我们将测试当作一个不可以打开的黑盒，完

全不考虑其内部的特性及内部结构，只是在程序的接口测试。

在黑盒测试模式中，我们要根据用户需要展开相关环节测试，确保其满足输入关系、输出关系、用户需求等，确保其整体测试体系健全。但是在现实生活中，受到其外部特性的影响，在黑盒测试模式中普遍存在一些漏洞。较常见的黑盒测试问题主要有界面错误、功能的遗漏及其数据库出错问题等，更容易出现黑盒测试过程中的性能错误、初始化错误等。在黑盒测试模式中，我们需要进行穷举法的利用，实现对各个输入法的有效测试，避免程序测试过程中的各种错误问题。因此，我们不仅要对合法输入进行测试，还要对不合法输入进行测试。完全测试是不可能实现的，在实际的工作中我们多使用针对性测试，这主要是通过测试案例的制订来指导测试的实施，进而确保有组织、按步骤、有计划地进行软件测试。在黑盒测试中，我们要做到能够加以量化，只有这样才能对软件质量进行保障。上文中提到的测试用例就是软件测试行为量化的一个方法。

在白盒测试模式中，我们需要明确其结构测试问题及其逻辑驱动测试问题，这是非常重要的一个应用问题。通过对程序内部结构的测试模式的应用，可以满足当下的程序检测的需要，实现其综合应用效益的提升。在程序检测过程中，通过对每一个通路工作细节的剖析，以满足当下的通路工作的需要。该模式需要进行被测程序的应用，利用其内部结构做好相关环节的准备工作。进行其整体逻辑路径的测试，针对其不同的点对其程序状态展开检查，进行预期效果的判定。

二、计算机软件的深入应用

在计算机软件工程应用过程中，其需具备几个应用阶段，分别是程序设计环节、软件测试环节及其软件应用环节。通过对这几个应用环节的剖析，进行当下的计算机科学技术理论的深入剖析、引导，从而确保其整体成本的控制，实现软件整体质量的优化，实现该学科的综合性的应用。在软件工程应用过程中，其涉及的范围是比较广泛的。比如，管理学、系统应用工程学、经济学等。通过软件工程这种方式对软件进行生产，其过程和建筑工程以及机械工程有很大的相似性。好比一个建筑工程自开始到最后往往会经历设计、施工以及验收这三个阶段，而软件产品的生产中也存在着三个阶段：定义、开发以及维护。当然，在建筑工程及软件的开发阶段也存在着一些不同。比如，建筑工程的设计蓝图一旦形成之后，在其后续的流程中将不会有回溯问题。而在软件开发工程中，每一个步骤都有可能经历一次或多次的修改及适应回溯问题。

通过对应用软件开发模式的应用，可以满足当下的计算机开发的需要。比如，对大型仿真训练软件的应用、对计算机辅助设计软件的应用，这需要相关人员的积极配合，进行应用软件的整体质量的优化，根据软件工作的相关原则及其设计思路，实现该工作环节的协调，实现其综合运作效益的提升。在软件开发模式中，我们要进行几个系统研究方法的应用。比如，生命周期法、自动形式的系统开发法等。在生命周期法的应用过程中，需要明确下列几个问题：从时间的角度对软件定义、开发以及对维护过程中的问题进行分解，使其成为几个小的阶段；在每个阶段开始及结束的时候都有非常严格的标准，这些标准是指在阶段结束的时候要交出质量比较高的文档。

通过对原型法的应用，来满足当下工作需要，软件目标的优化需要做好相关环节的工作，实现其处理环节、输出环节及其输入环节的协调。在此应用模块中，要按照相关方法进行系统适用性、处理算法效果的提升，实现对上述应用模式的深入认识。这需要研究原型的具体模式、工作原型、纸上原型等，利用这些模型可以解决软件的一些问题。至于工作原型则是在计算机上执行软件的一部分功能，帮助开发及用户理解即将被开发的程序；而现有模型则是通过现成的、可运行的程序完成所需的功能。在利用原型法进行开发的过程中，主要可以分为可行性研究阶段、对系统基本要求进行确定阶段、建造原始系统阶段等。

在自动形式的系统开发应用中，通过对4GT的应用，实现其软件开发模式的正常运行。该模式实现了对所需内容的深入开发，利用该种模式，可以有目的性地进行剖析，从而满足当下工作的需要。4GT软件工具将会依据系统的要求对规范进行确定，进而进行分析、自动设计及自动编码。限于篇幅这里不再对其详细分析。

第六节　三取二安全计算机平台测试软件设计

本节描述的测试软件是为测试三取二安全计算机平台功能的正确性和系统的可靠性而设计的一款专用测试工具。该工具用于测试三取二安全计算机平台的三取二功能、继电器的驱动和采集、UDP协议通信、串口协议通信、热备冗余功能、各板卡的实时工作状态显示、故障报警等。为了逐一测试这些功能，本节详细描述了工具的设计过程和设计方法。该款工具具有一定的设计创新性，已经得到应用，达到了其设计目的，并得到了第三方安全认证公司的认可，使三取二安全计算机平台顺利通过安全认证。

三取二安全计算机平台是城市轨道交通信号系统各安全子系统的一个通用的硬

件平台，为后期各安全子系统的应用开发提供所需的应用接口。通用硬件平台主要功能包括三取二功能、继电器的驱动和采集、UDP 协议通信、串口协议通信、热备功能、各板卡的工作状态、故障报警、日志记录等。平台硬件包括通信板（COM 板）、安全监控板（VSC 板）、微处理器板（MPU 板）、输入输出板（DIO 板）、扩展板（GATE板）以及电源模块等。由于该平台是南京恩瑞特实业有限公司自主研发的一款产品，所以市场上没有相对应的测试工具，为此本人主导并研发了该款专用测试软件。

本节重点描述三取二安全计算机平台核心功能的测试软件的设计，主要分为 4个部分，即三取二功能测试设计、网口和串口通信功能测试设计、DIO 驱动和采集继电器功能测试设计、板卡工作状态和报警功能测试设计。

一、三取二功能测试设计

三取二功能是指三块独立的 MPU 板分别获取 DI 的采集信号和 COM 板传来的应用数据，三块 MPU 板就像三台独立的计算机分别对输入的对象进行处理，然后将各自的处理结果两两表决，至少有两组表决结果一致时才将处理结果输出到 DO板驱动继电器工作或输出到 COM 板将处理数据再反馈给应用程序。在处理中，如果有一组表决结果与其他两组不一致，则本板处理结果不输出，当达到一定次数后本板断电；如果三组数据两两表决不一致，则都不输出，当达到一定次数后平台整体下电，导向安全。

三取二功能测试设计流程是：获取应用报文（定义为 3 种数据，0、1 和空值）发送给 MPU 板，MPU 板内部程序对应用报文进行处理，并两两相互表决处理结果，然后根据三取二的功能定义，输出表决结果，该工具获取表决结果并显示在界面上。其中，根据界面上选择的数据不同，会形成不同的测试场景。如选择 001，则表决结果输出为 0，当达到一定次数后，输入 1 的 MPU 板将下电，导向安全。

二、网口和串口通信功能测试设计

网口和串口通信功能是指外部数据通过 COM 板（每块 COM 板有 4 个网口和 4个串口）将数据传输到 MPU 板，MPU 板上运行的应用程序对数据进行处理，然后将处理后的数据再通过 COM 板输出，其中两块 COM 板为热备。

网口和串口通信功能测试设计流程是：获取发送报文的类型（定义为 UDP 广播、UDP 组播、UDP 单播三种类型），收发数据的网口，发送报文的间隔，超时间隔和报文长度等参数，然后按这些参数组成不同的报文发送给 MPU 板，同时记录发送报文的内容、数量和序列号。MPU 板内部程序对应用报文进行处理并输出表决结果，测试工具根据接收的表决数据，逐一比对报文的内容和序列号。如果有一项错误则判为丢包，然后自动统计和实时显示每个网口的发包数、收包数和总丢包数。如果选择序列号比较，则只比对序列号不比对内容，以考验其数据处理能力；如果选择错误数据选项，则发送错误的报文，以考验其容错能力。同时测试软件可以部署在多个测试机上，保证测试机的性能不会成为数据处理的瓶颈。

三、DIO驱动和采集功能测试设计

DIO 驱动和采集（简称驱采）功能是根据测试工具下发的断开或者吸合的指令 MPU 板驱动 DO 板工作，控制继电器处于断开或者吸合状态，然后 DI 板将继电器当前的状态回采，并判断驱动与采集的一致性，同时根据应用的需要，可以通过 GATE 板增加 DIO 的点数。

DIO 驱动和采集功能测试设计流程是：首先判断是手动驱采还是自动驱采。如果是手动驱采，则读取驱动的点数范围、发送间隔和断开或者吸合指令，然后发送给 MPU 板，MPU 板上内部程序对指令报文和驱采进行处理，专用工具实时显示驱采的结果，如果驱采不一致则显示在日志框中；如果是自动驱采，则按一定的时间间隔循环发送断开和吸合指令，并覆盖定义范围内的驱动点数，剩余过程与手动驱采相同。这样可以保证平台一直处于工作状态，以验证平台的可靠性。

四、板卡工作状态和报警功能测试设计

板卡工作状态和报警功能是指 MPU 自动将各板卡的工作状态（定义为工作态、故障态和离位态）上报，测试工具根据上报的内容实时显示其工作状态，如果是离位态则报警并记录发生的次数和时间。

本款专用测试软件从架构上包括两大部分，其一是可视化的友好、灵活界面；其二是应用测试软件。测试软件的设计创新之处在于，首先，不管是可视化界面，还是应用测试软件，都采用符合欧洲 EN50128 安全标准的技术以确保测试工具本身的正确性和可靠性。其次，可视化界面设计友好、易使用，测试参数可选可配置，测试项可单选、可组合，便于测试各种应用场景，提高了测试效率和工具的灵活性。上位机程序还采用了多线程和分布式技术，保证在大数据量处理时上位机性能不会造成瓶颈，同时实时显示测试结果和记录日志，使测试结果可信，这得到第三方认证公司的赞许。最后，应用测试软件采用了状态机技术确保采集 DI 数据的实时性

和 COM 通信数据的实时性。

综上所述，三取二安全计算机平台测试工具是经过实践证明的、第三方安全认证公司认可的一款测试软件，具有一定的设计创新性，不仅测试了该平台功能的正确性和系统可靠性，还为产品的开发节约了成本，缩短了研发工期。

第七节　软件测试在 Web 开发中的应用

Web 开发不仅存在于网页应用中，并且在促进计算机网络发展的过程中起到了很重要的作用。本节结合 Web 开发应用中遇到的开发质量及开发应用等实际情况，分析了软件测试的特点、方法及必要性，有利于更好地促进 Web 开发。

一、软件测试对于Web开发的必要性

随着信息化的不断发展，以及 HTML5 和 Javascript 等开发语言的广泛应用，网页使人们的生活得到了极大的丰富。但是在 Web 的开发过程中，由于各种因素的影响，并不能使项目的开发质量得到很好的保证。基于这一目标，编程过程中及时地进行合理的测试，能够尽量避免项目上线后一些错误的发生，同时也能使程序员的工作效率得到更大的提升。正因为如此，在互联网产品开发的过程中，软件测试成为必不可少的一部分。同样在 Web 开发的过程中，软件测试也对提高其开发质量有着很重要的作用和意义。

二、软件测试与Web开发特点解析

（一）软件测试功能特点

在互联网相关产品开发的过程中，不论是软件开发、Web 开发、APP 开发，软件测试存在于整个项目的开发过程中，在确定开发目标之后，同时也需要针对开发目标、开发过程做出对应的测试计划。这样不仅能够保证产品上线后状态的良好运行，同时也能更好地满足用户的开发需求。软件测试目前根据特色分为代码质量检测和性能指标测试。

（二）Web 开发特点及容易存在的问题

在互联网产品中，展现在大众眼前的，通常是可见的网页形式。Web 开发作为网页的实现方式，在信息技术不断发展的过程中，Web 的开发技术也越来越丰富，

这使得工作者的工作效率和能力都得到了很大的提升，并且由于信息化的普及与软件可视化操作的发展，普通人员也可制作简单的网页。

三、软件测试在Web开发中的应用分析及优点

（一）代码质量检测

在 Web 开发中，项目质量的提高需要依靠代码质量的检测，在开发过程中根据编程语言的不同，尽可能独立安排测试人员对代码进行常见问题的排查。对于代码的融合性来说，代码的交叉测试有着重要的作用。项目开发初期既要为后期的测试进行准备，在开发人员进行项目编程的过程中，同时应安排对应的测试人员，这样才可以避免后期问题过多导致处理起来更加困难的情况发生。

（二）软件性能测试及计划制订的必要性

在互联网产品开发的过程中，为了保证项目的质量，需要按照科学的测试方式来进行。Web 开发中主要分为黑盒测试和白盒测试两种。黑盒在检测代码结构之外，还需要针对性地进行功能的检测等。白盒测试则要求测试人员在了解项目代码基础的情况下，针对代码框架和语言进行测试。测试需要根据一定的规范进行。

互联网技术发展至今，不管对于开发者还是客户来说，对于项目的要求已经不只是实现功能即可，对于项目的代码质量也逐渐受到重视。所以在 Web 开发过程中，软件测试需要一个严格且全面的测试计划，通过计划对项目的实用性、安全性、稳定性、友好性进行多方面的测试，才可以使项目质量得到提高。在测试过程中，可以根据模块进行划分，并且配合专业的测试人员进行测试，随后根据项目的开发流程，进行由单元化到集成化的测试，最后进行确认及系统的测试。通过合理的测试管理，配合专业的测试人员，使软件测试可以有条不紊且高效进行。

（三）客户端及服务器性能测试

产品的最终使用对象为客户，或者客户的客户，那么就需要开发者在保证其功能正常使用的情况下，也需要有关于兼容性和稳定性方面的测试，同时对于内容展示是否正常、界面交互是否友好、表单提交信息的合格性等都需要进行多角度的测试。根据不断收集到的测试结果对产品进行调整，使产品质量得到提高。

在保证客户端正常且稳定的运行之后，也需要对产品所在的服务器进行系统性能、应用程序、中间件服务器的监控，在保证服务器硬件正常的情况下，可针对性地在服务器上安装相应的监控软件。在软件测试的过程中，可以对应用程序、服务

器性能进行分析，配合一些压力测试，根据分析结果进行产品调整，使用户在使用产品时得到更加流畅的体验。

（四）安全性检测

互联网在人们生活中占据了极大的部分，使得任何开发者在进行产品的开发过程中，都需要保证产品的安全性，使得用户在使用的过程中不必担心个人的信息遭到泄露。在项目的开发过程中，软件测试需要不断配合开发者进行测试，检测开发者的编写方式是否规范、逻辑是否合理，同时检测内存是否得到及时的释放，这样可以从根源上减少后期项目上线之后可能发生的一些安全问题。

项目上线之前，软件测试存在于项目的整个开发过程中，项目上线之后，用户在使用过程中，也需要时刻关注产品所在服务器的安全问题。针对性地做一些安全策略方面的设置或者安装防御系数较高的安全类软件，使用户在使用产品的过程中，不仅在客户端保证信息的安全性，同时如有需要提交到服务器上的信息也可以得到安全性的保障。

在 Web 开发过程中，软件测试工作可以在保证其功能完善的前提下，提高项目的开发质量，将规范且科学化的测试方法应用到 Web 开发中，可有效提高 Web 开发的效率。本节针对软件测试在 Web 开发中的应用以及软件测试的特点进行分析，表明软件测试在 Web 开发过程中是必不可缺的部分。

第八节　智能电能表软件测试方法技术

随着科学技术的日益发展，电网的建设也变得逐渐完善起来，随之而来的就是电能表的智能化。人们越发的关注电能表的软件测试，因为电能表软件测试不仅可以将人们的用电条件进行改善，同时还能改变传统的电能检测方式，非常有效地将配电的自动化水平进行提高，减少人力物力浪费的同时还能够使电力的消耗降低，可谓是一举多得。电能表软件的功能包括了电能的计量、电能的在线管理和监管、电能的控制等。由此可以看出软件在电能表中的作用越来越大，软件的质量问题关乎电能表的质量及使用问题，所以电能表软件测试是使软件质量合格的前提和基础。

一、电能表软件测试现状及含义

如今，人们已经开发出电能表软件并将其应用到现实生活中，但是针对软件的测试和质量评估并没有一个统一的标准。一般制造商对于电能表软件没有一个有效的测试方法，他们大都依赖制造电能表时的功能验证和软件调试，而不会对电能表软件的代码进行白盒测试，所以也就无法完全保证电能表软件的质量。由于目前并没有有关电能表软件测试的专业技术理论和方法，以至于电能表软件可能会有在制造时并没有发现的问题，这种安全隐患对于日后电能表软件的使用存在莫大的威胁。

目前，人们使用的电能表软件大都是嵌入式系统软件，由软件和硬件两部分组成，但是软件是经由微处理器进行内嵌的应用程序，并不包括操作系统。

一般电能表软件的测试包括了单元测试、集成测试、确认测试和系统测试。首先进行的就是单元测试，也就是指测试最小的软件模块来检查程序的模块是否正常的运作。在此期间，也应该对软件的源代码进行检测，具体是将白盒测试作为主要的测试手段，并将黑盒测试作为辅助技术手段。接下来是进行集成测试，即组装测试或联合测试，也就是将软件模块按照结构图等要求组装成系统或子系统，然后进行测试的过程。具体是将黑盒测试作为主要的技术，并将白盒测试作为辅助测试手段。第三步是确认测试，即指测试软件的性能，是否能够符合用户的需求。最后一步是进行系统测试，系统测试是将所有东西组合到一起形成一个计算机系统，测试在真实情况下软件的性能、强度、质量和安全等问题。而软件的测试方法则包括静态测试、动态测试。其中动态测试又包括黑盒测试和白盒测试。静态测试主要是进行非动态的执行程序进而找到代码中的错误，这也是一个对代码质量的检验。动态测试则是利用测试用例来发现代码中的问题。

二、电能表软件测试技术

电能表的软件测试技术和普通软件测试技术既有相同的地方也有差异的存在。首先，要对电能表进行软件测试就要选定一个合理有效的测试环境，一般的测试都将在宿主机环境下进行，除非有特别指定的需要在目标环境下进行。并且如果电能表软件的测试全都由人力进行完成的话，不仅耗费的时间长，效率低，还容易因为疏忽等关系造成测试失误。所以在进行电能表软件测试的时候，可以适当地利用较为智能的自动化测试工具，这样一来不仅可以提高测试的效率，降低测试所花费的时间，还能够提高测试的准确性，确保软件的质量。而自动化测试工具则选用静态测试工具和动态测试工具两种进行搭配。静态测试工具包括了 Klocwork、Polyspace、C++Test、QAC 等测试工具。目前人们对于静态测试技术的研究越来越深入，可以使电能表软件代码在静态即非运行模式下检测软件代码编码规则是否正确、软件代码的结构是否合理、代码的质量是否合格。而动态测试工具则包含了 RTRT、Tessy、Testbed 等。可将动态测试工具应用到单元检测、集成检测和系统测试中，其不仅可以自动构建测试所需要的环境，还能够自动生成测试用例，然后进行自主的软件测试，这样就能够做到检测电表软件在实际情况下运行中可能存在的问题，显著提高了电能表软件的安全质量。

电能表软件测试的流程是交叉测试，即第一步先进行单元测试，第二步进行集成测试，第三步进行确认测试，最后进行系统测试。将这些步骤完成后就能够显著提高电能表软件的质量，为将来电能表投入市场打下一个牢固的基础。并且电能表软件在开发的时候应该备有详细的资料文件，这样才会对后期软件测试带来方便。

其实，在进行电能表软件测试的时候，不要一味地只追求自动化检测工具，还应该完善整个电能表软件测试体系。软件测试不是一时的举动，它是存在于整个软件的生命周期中的。在进行电能表软件测试的前期，应该循序渐进，从静态测试开始，找出软件代码中隐藏的错误，然后再逐渐由点到面进行下一步的单元测试和集成测试。如今的人们每天都在不断地追求科技的进步，所以电能表软件的测试也应该紧跟科技的脚步，当出现新的检测工具和技术的时候，一定要将其尽快地引用到电能表软件检测中，搭建起一个电能表软件的自动化测试平台。同时公司还应该制定一套电能表软件的测试标准和规范，统一明确电能表软件的测试规范，这样就能够确保电能表软件的测试工作能够有序地开展。

目前，有很多公司对于电能表软件的测试还只是流于表面，并没有专业化的测试技术和人才。测试人员是否专业化直接决定软件测试结果的质量，所以组建一个专业化的团队是非常重要的。

虽然目前已经存在关于电能表软件测试的技术方法，但是各公司还没有进行具体的实施，对于电能表软件的测试问题还有待提高。其实，在进行电能表软件测试的时候引进自动化的检测工具是非常必要的，因为其不仅可以节约人力资源，避免人工检测时的疏忽，还能快速发现软件中的缺陷，提高软件检测的效率，使电能表软件的质量有一个显著的提升。

第六章 计算机软件课程设计

第一节 计算机软件课程设计创新研究

一、基于多软件融合的计算机设计课程建设

当前各学科对计算机应用的要求越来越高，传统的计算机基础教学模式已经不能满足需求。通识选修课可以作为现有计算机基础课程的补充，也可以为计算机基础教学的改革与创新探路，计算机设计应用正是在这样的前提下开设的一门通识选修课。课程保留传统教学模式中的优势，结合以学生为主体的协作学习方法，形成一种创新导向的混合教学模式。同时优化课程的内容，以计算机设计为主要培养方向；完善教学资源，做好资源的建设和共享；建立规范的学生评价体系，重视对教学过程的评价。在计算机设计课程的实践教学中，新的教学模式取得了良好的教学效果，学生学习的积极性和自学能力都得到了显著的提高。

我国高等学校计算机基础教育的普及始于 20 世纪 80 年代初期，是面向高等学校中非计算机专业学生的计算机教育。随着信息技术的不断发展和创新，以互联网和大数据为技术支撑的新型教育模式层出不穷，大规模网络开放课程、微课和翻转课堂等新的教学模式呈现百花齐放的态势。技术的进步固然促进了计算机基础教育的发展，但是在教学内容与形式的配合、教学的实践环节与实际应用相结合等方面还缺乏深度的思考和探索。当前大学计算机基础课程在以下几个方面存在的问题尤为突出：1.教学内容陈旧，跟不上软件更新的速度；2.教学模式多样，但课堂教学效率低下；3.教学资源局限于教材和校内平台，重复建设，内容缺乏系统性和创新性；4.对于学生的评价以考试为主，重视考试结果，而忽略对教学过程的评价。

本章旨在探索一种基于多软件融合的计算机设计课程新模式，作为大学计算机基础课程的延伸和有力补充。为学生提供计算机设计领域的系统性知识和创新性实践，为计算机实践教学模式的改革与创新提供一种新的思路。计算机设计是一个应

用非常广泛的计算机应用领域，具有普遍性。特别是随着大数据时代的来临，数据可视化成为很多学科进行数据分析和成果展示的一个重要手段，使得计算机设计的应用更加广泛。

（一）教学内容的创新

课程内容概述。计算机设计应用目前是一门通识选修课，作为大学计算机基础的后续课程，面向全校本科生开放。薛桂波认为合理的通识教育实践必然不是针对学生的某一方面素质的培养而开展，也必然不是仅仅通过教育的某一种形式所能够完成，它需要着眼于学生的全面素质的发展。在课程内容的选择上，不拘泥于一个软件，只要是与计算机设计相关的知识和软件，都可以纳入到授课范围中来。课程以 PowerPoint、Photo shop 和 Flash 软件为主体，不追求全面讲授软件的功能。紧密围绕计算机设计这一主题，选取软件中与设计关系最密切的功能进行讲解。对于不同软件的讲授，又采取不同的策略，抓住每个软件的优势，强调软件配合使用，重点培养学生发现问题并解决问题的能力。

主讲软件。PowerPoint 非常适合做计算机设计的入门软件，因为它普及性广，操作门槛低。该软件作为课程讲授的第一个软件进行详细讲解。新版 PowerPoint 的功能日趋丰富，对于设计提供的支持越来越强，完全可以满足学生进行计算机设计的基本要求。在讲授 PowerPoint 操作的同时，也向学生渗透一些设计的基本理念，如平面构成、立体构成和色彩构成等。Photo shop 作为专业的数字图像处理软件，其主要优势在于像素图像的处理，功能强大的滤镜库可以生成逼真的渲染效果。所以课程在 Photo shop 部分，主要选取一些材质特效的案例，如泼水效果的图片合成制作，同时在例子中穿插抠图调色等常用操作。Flash 既是一个矢量动画制作软件，也可以作为平面设计的辅助工具。辅助设计时，它的优势在于矢量图形的制作和曲线图形规律运动的生成。这部分课程，主要包含静态矢量图绘画和位图转制图等内容。在讲解这 3 个软件时，同时介绍它们如何配合使用。例如，用 Photo shop 和 Flash 都可以制作背景透明的 PNG 格式图像，这样的图像文件可以作为元件直接插入到 PPT 中。

辅助软件。课程内容并不局限于上述 3 个软件，还包括数据可视化的一些新的工具和方法。例如，在讲解 PowerPoint 的文字效果时，同时也包括在线文字云生成工具 Tagul 的使用。用 Tagul 生成的文字云，可以用于 PowerPoint 的标题，也可以用来做 PowerPoint 作品的背景。实验难度的设置保持一定梯度，引导学生层层深入。例如，在讲解 PowerPoint 的图表功能模块时，首先介绍 Excel 中基本图表的制作，然后开发 PowerPoint 的手绘图表，最后再引入网络在线平台"魔镜"作为大数据图表的生成手段，3个例子的难度逐步递增。课程内容是动态的、可更新的，随着计算机设计领域中新工具的出现而与时俱进。

（二）教学模式的构建

模块化教学。采用什么样的教学模式，不是因为这种模式多么新颖或先进，而是因为这种教学模式更适合学生，能够提高学生的学习效率。适合学生的教学模式才是最好的。课程目前采用的教学模式，是一种以创新为导向的混合教学模式。由于内容的复杂和多样，为了提高课程的教学质量，合理分配教师工作量，课程采用模块化教学。即每位教师只讲授自己最擅长、最精专的软件。这样的教学安排，减少了教师备课的工作量。同时教师在自己擅长的领域持续关注和研究，加强课程内容的深度，还能为学生带来关于软件的前沿知识。此外，注意加强不同模块教师之间的沟通，从而保证知识的连贯性。

混合教学模式。打破课程的封闭状态，改变教师向学生的单一传授，克服实际存在的"讲述症""静听症"，走向开放互动，是我国大学课程建设的一个发展趋势。本课程教学模式的设计强调教师与学生之间的互动，把创新性设计项目作为作业布置给学生，引导学生在创新的过程中学习。学生在教师讲授的基础上进行自学，然后在课堂上分享软件的使用心得。鼓励学生通过帮助教师丰富教学资源来辅助教学。这样的模式由学生自主规划学习内容和学习节奏，能够更好激发学生学习的兴趣。另外，课程强调多软件的融合，鼓励学生小组合作完成设计项目。学生在合作完成项目的过程中，进行协作学习。小组内的学生有各自擅长的软件，当发现问题时可以尝试用不同的软件去解决问题，从而发现软件之间的差异，取长补短。协作学习可以帮助学生掌握多个软件如何配合使用，使得课堂上学到的知识真正融会贯通。

（三）教学资源的组织

教学资源分类。教学资源是课程非常重要的基础性材料，丰富的资源可以为学生的学习提供更大的自由度。作为一门计算机设计课程，涉及的教学资源主要包括以下几个方面：在线慕课的系统知识，以及丰富的微课类小教程；包含软件系统知识和设计理念的专业类书籍、电子书以及网络电子教程；设计的原料：高清图片、图标、声音等素材文件；软件安装包、辅助工具和插件的安装文件。

教学资源的使用。对于上述资源，既要资源的容量大、覆盖面广，又要考虑学生的学习时间，提高单位时间内的效率。这就需要对资源的存储和使用有规划性的安排和组织。教师可以在基于大数据的教学环境下获取教学资源，并充分利用云计算提供的软件、存储、安全等技术支持教学，为学生个性化学习提供便利。课程采用百度云作为教学资源的存放平台，考虑到在线网盘的容量足够大、安全性高，同时又便于对学生发布和分享。在资源的使用上，首先要经过教师的筛选和甄别然后推荐给学生，学生根据自身的兴趣结合对课程内容的掌握情况，选择性使用。学生在学习过程中发现新软件或方法技巧，也可以推荐给教师，由教师纳入到已有的资源库中去。这样便形成了一个活的教学资源库。

（四）学生评价和激励体系

评价的构成。学生评价体系应该是一个全面的、综合的评价体系，评价应该涉及学生学习活动的各个方面。评价体系的功能是与教学的过程达成互动，使得教师对学生、学生对自己有一个准确的认识，激励学生完成教学内容的学习。学生的评价和激励是教学活动的2个重要组成部分，是相辅相成的。学生的评价包括：对于学生的自学能力的评价；学生获取和使用网络资源能力的评价；学生在小组合作中的团队协作能力的评价；学生的学习效果和创新能力的评价。

评价的标准。对于以上内容的评价，采用学生自我评价与教师评价相结合的方式，重视教学结果但更重视教学过程。制定详细的评价指标，保证评价的可操作性。

评价和激励的意义。通识教育强调创造性学习，注重培养学生独立思考、主动获取和应用知识信息的创新能力，这已逐渐成为高等教育改革的重要理念和教学实践。课程作业采取学生自主选题、小组合作的形式完成，充分发挥学生的主动性，锻炼学生的创新能力。此外，鼓励学生参加计算机设计类竞赛和大学生创新创业项目作为课堂的延伸和扩展，增加学生的实践经验。在竞赛和项目中取得的成绩，也会进一步促使学生明确学习方向，激励其成长。

实践证明，计算机设计可以作为计算机基础教学改革的一个着力点，为计算机基础教学改革探明方向。课程开设2年以来，参与课程学习的学生先后获得省级计算机设计竞赛奖项5项，国家级计算机设计竞赛奖项3项，省级大学生创新创业项目1项，学生的计算机设计能力得到了显著的提高。目前，课程的建设还处于不断探索和改进的过程中，在未来的教学中考虑引入线上的慕课资源与线下的课堂教学相结合，采用SPOC的方式整合资源，让课堂有更多的交互性，带给学生更好的学习体验。

二、计算机专业软件工程课程设计的改革与实践

独立学院创办至今很多年了，已经成为我国高等教育的重要组成部分，每年招生规模占本科招生的三分之一。但是，独立学院计算机专业的毕业生却面临着尴尬

的局面：一方面，被列为国家需求最大的 12 类人才之一；另一方面，计算机专业近年来却被列为失业或离职专业前五名。究其原因就是独立学院计算机专业学生所学知识与实践有较大的脱节，不能满足 IT 企业对人才的专业技术和综合素质的要求。在近几年的"两会"上，高等教育的改革成为一个重要的议题，独立学院计算机专业的教学改革已经刻不容缓了。

（一）软件工程课程设计的教学目的

软件工程课程设计是为计算机专业软件工程课程配套设置的，是软件工程课程的后继教学环节，是一个重要的、不可或缺的实践环节。教学目的是使学生能够针对具体软件工程项目，全面掌握软件工程管理、软件需求分析、软件初步设计、软件详细设计、软件测试等阶段的方法和技术。该课程的设计，我们力求使学生较好理解和掌握软件开发模型、软件生命周期、软件过程等理论在软件项目开发过程中的意义和作用，培养学生按照软件工程的原理、方法、技术、标准和规范进行软件开发的能力，培养学生的合作意识和团队协作精神，培养学生对技术文档的编写能力，从而提高软件工程的综合能力和对软件项目的管理能力。

（二）教学模式的改革

当今软件开发技术发展迅猛，新技术不断涌现，一些开发技术被逐步淘汰。因此，在进行课程设计时，我们也应该与时俱进，让学生通过该门实践课程，了解到当今主流的开发技术，熟悉相关的开发平台。在以往的教学过程中，我们都是基于 C/S（客户端 / 服务器）模式开发信息管理系统，随着互联网技术的发展，出现了 B/S（浏览器 / 服务器）模式，在 B/S 结构下，客户端不需要安装其他软件，通过浏览器就能访问系统提供的全部功能，并且维护和升级的方式简单、成本低，已经成为当今应用软件所广泛使用的体系结构。因此，我们在后续的教学过程中选择了基于 B/S 结构开发 WEB 应用程序。

开发 WEB 应用的两个主流平台是 J2EE 平台和 .NET 平台。J2EE 平台使用 Java 语言，.NET 平台使用 C# 语言，这两门语言都是面向对象的，我们之后会以选修课的形式集中学习这两门语言。在课程设计过程中，我们提出基于多平台进行 WEB 应用系统开发的新模式，通过对比学习法，熟悉两大主流企业级应用平台。

虽然系统规模较小，但麻雀虽小，五脏俱全。在开发过程中，我们要求学生采用以上多平台进行开发，采用 MVC 设计模式和多层架构来实现，锻炼学生的设计能力。另外，采用团队开发的形式锻炼学生团队协作的能力。

（三）教学改革的措施

专业知识的综合应用。学生已经学习了 C 语言程序设计、面向对象程序设计、数据库原理与技术、数据结构、Java 语言程序设计、C# 程序设计、WEB 数据库开发、软件工程等课程，我们提出的多平台 WEB 应用开发新模式就是将这些专业知识进行综合应用，使学生在系统设计开发过程中将这些课程内容融会贯通。

MVC 模式的应用。MVC(Model-View-Controller，模型 - 视图 - 控制器) 是国外用得比较多的一种设计模式，MVC 包括三类对象。模型（Model）是应用程序的主体部分，模型表示业务数据，或者业务逻辑。视图（View）是应用程序中用户界面相关的部分，是用户看到并与之交互的界面。控制器（Controller) 的工作就是根据用户的输入，控制用户界面数据显示和更新 Model 对象状态。MVC 模式的出现不仅实现了功能模块和显示模块的分离，同时它还提高了应用系统的可维护性、可扩展性、可移植性和组件的可复用性。

多层架构的设计。传统的两层架构即用户界面和后台程序，这种模式的缺点是程序代码的维护很困难，程序执行效率较低。为了解决这些问题，可以在两层中间加入一个附加的逻辑层，甚至根据需要添加多层，形成 N 层架构。三层架构就是将整个业务应用划分为：表现层（UI）、业务逻辑层（BLL）、数据访问层 (DAL)。表现层是展现给用户的界面；业务逻辑层是针对具体问题的操作；数据访问层所做事务直接操作数据库，针对数据的增加、删除、修改、更新、查找等。目前在企业级软件开发中，采用的都是多层架构的设计。这样，学生就可以为以后的实际工作打下良好的基础。

（四）实施的要求

软件工程课程设计要求学生采用"项目小组"的形式，每个班级安排一名指导老师，指导老师指导学生的选题，解答学生在实践过程中遇到的相关问题，督促学生按计划完成各项工作。每个项目小组选出项目负责人或项目经理，由项目经理召集项目组成员讨论、选定开发项目，项目的选定必须考虑范围、期限、成本、人员、设备等条件；项目经理负责完成可行性研究报告、制订项目开发计划、管理项目，并根据项目进展情况对项目开发计划进行调整。每个项目小组还必须按照给定的文档规范标准撰写课程设计报告。最后的考核成绩由指导老师根据项目小组基本任务完成情况、答辩情况、报告撰写等情况综合评定。

通过以上教学方法，很多实用技术、理论都在实践中得到了应用，学生初步掌握了软件开发的相关流程、设计模式、主流平台、团队合作工作模式等，提高了分析问题和解决实际问题的能力，为毕业以后的工作打下了坚实的基础。

三、基于开源软件的计算机系统安全课程教学与实践

目前，网络空间安全成为社会公众关注的话题，网络空间安全人才培养体系更是人们关注的焦点。网络空间安全人才需具备较强的实践能力，需要强化对人才的网络空间安全实战技能培养和实习实训。通过建设开放实训平台，提高网络攻防实践能力，搭建基于网络的仿真模拟训练平台，支持实验课程设计，开展全国网络空间安全技能竞赛，以此来激发学生的创新积极性，提高实践攻关能力。课程教学是网络空间安全人才培养中非常重要的内容，建立一套科学、合理的课程讲授方式，才能实现预期的教学目标。在应用型信息安全本科专业课程教学方面，尤其在专业课的讲授过程中，应注重拓展学生的知识面，训练他们的实践能力和综合实训能力。

（一）系统安全与开源软件

系统安全在网络空间安全学科中的地位。网络空间安全涉及数学、计算机科学与安全、信息与通信工程等多个学科，已形成了一个相对独立的教学和研究领域。通过网络空间安全学科的培养，学生能够掌握密码和网络空间安全的基础理论和技术方法，掌握信息系统安全、网络基础设施安全、信息内容安全和信息对抗等相关专门知识，并具有较高的网络空间安全综合专业素质、较强的实践能力和创新能力，能够承担科研院所、企事业单位和行政管理部门对网络空间安全方面的科学研究、技术开发及管理工作。

网络空间安全学科主要研究方向及内容包括网络空间安全基础理论、物理安全、系统安全、网络安全、数据与信息安全等方面的理论与技术。其中，系统安全保证网络空间中单元计算系统安全、可信；在信息安全知识体系中，信息系统安全主要涉及信息安全体系中的系统安全内容。为了掌握以主机系统为中心的信息系统安全性方面的知识，有必要从信息安全体系结构整体安全需求的角度去了解系统安全的地位和作用。另外，当今的计算机系统基本都与网络关系密切，网络已经成为计算机系统工作的基本环境，以主机系统为中心的系统安全离不开网络安全，应该从网络安全的角度去认识系统安全问题。

开源软件与网络安全。互联网的高速发展引发的网络信息安全问题越来越多。据报道，42%的企业组织将安全列为应解决的首要问题。对于如何利用已有资源来解决网络安全问题，开源软件提供了一个可供选择的途径。开源软件具备投入小、更新功能灵活、开放性和开源化、促进行业良性循环等优势，特别在服务器操作系统、数据库、WEB服务器这3项最基础的领域中得到了广泛应用，且都超过同类

商业产品。在网络安全防护中，开源软件的应用也越来越多。如 Linux 的 Netfilter/iptables、Snort、服务器漏洞扫描工具 Nmap。此外，开源的企业级公钥加密体系和证书授权中心通过 OpenCA、OpenPKI 和 Open SSL 构建等。

（二）基于开源软件的计算机系统安全课程教学实践

解决信息网络中的安全问题，主机系统安全是其中不可或缺的成分和基础。计算机系统安全作为信息安全学科的重要分支，极大影响着社会信息化的发展。计算机系统安全课是信息安全专业的核心专业课程，也可作为计算机科学与技术专业高年级学生了解计算机主机系统安全的课程。通过对该课程的学习，学生能了解、掌握计算机系统安全知识框架的整体概貌；掌握系统安全的基础知识和关键技术；能熟练地在流行的操作系统和数据库管理系统上进行安全相关的操作；掌握系统安全设计方法和步骤以及开发系统安全技术的基本能力。

计算机系统安全课程理论性强、信息量大且抽象，为提升教学效果，本课程从课堂教学知识点的讲授、课堂实验对知识点的掌握与编程实现、课程设计等方面，结合开源 Linux 平台，基于开源工具，循序渐进地帮助学生掌握基础知识，有效培养学生的自主学习能力、实际动手能力、分析和解决问题能力，以及综合应用所学知识进行开发设计的能力。

课堂教学。为尽可能帮助学生理解抽象的知识点，从介绍 Linux 操作系统内核结构开始，层层深入，根据 Linux 操作系统上对应的安全机制讲授核心知识点。

身份认证技术。身份认证以 Linux 的 /etc/passwd、/etc/group 文件为例，讲述用户账户信息数据库中的格式、用户信息文件及用户组信息文件中各字段的含义，进一步根据口令信息的处理方法讲解口令信息的维护与运用、口令信息管理和身份认证方案，基于 /etc/shadow 文件讲述口令信息与账户信息分离的实现。

网络环境下的身份认证以 NIS 系统为例讲述客户机和服务器协同完成身份认证的方案，以 NIS+ 为例讲述安全网络身份认证方案，Kerberos 协议是用户身份认证和服务请求认证思想的具体实现。

操作系统基础安全机制。操作系统基础安全机制讨论访问控制机制、加密文件系统以及系统安全审计，其中访问控制是核心。访问控制以 Linux 基于权限位的文件访问为例，介绍使用二进制位三分用户法表达文件访问权限的方案及其访问控制算法。据此，进一步讨论访问控制的进程实施机制。为了解决用户三分法粒度过粗的问题，以 Linux 的 ACL 机制讲述细粒度访问控制的定义与实施。加密文件系统以开源 eCryptfs 为例介绍加密文件系统的原理和加解密实施机制。Linux 的 Syslog 机制提供了丰富的日志信息处理功能，有助于了解系统审计的基本方法。

操作系统强制安全机制。操作系统强制安全机制从 TE 模型开始，以 TE 模型为例讲述强制访问控制的思想与实施方案。DTE 模型使用高级语言描述访问控制策略，采用隐含方式表示文件安全属性，是 TE 模型的改进。SETE 模型是 DTE 模型在 Linux 上的具体实现，类型更细分，权限更细化。进程工作域的切换以在 SETE 模型控制下的口令修改为例，分析可能涉及的域的情况及其访问权限。SeLinux 基于 LSM 框架，以 Flask 安全体系结构为基础实现 SETE 模型。

数据库系统安全机制。数据库系统安全机制的核心是授权回收与发放，通过 GRANT 和 REVOKE 语句实现，基于内容的访问控制通过视图机制实现，进一步可实现 RBAC 和数据库推理控制。数据库强制访问控制以甲骨文的 OLS 机制为例讲授 OLS-BLP 模型，实现原理及安全等级标签。

系统可信检查。系统可信检查侧重系统完整性，以 AEGIS 为例，介绍系统引导过程，深入介绍组件完整性验证的可信引导，进一步介绍带有系统恢复功能的安全引导。MIT-AEGIS 是基于安全 CPU 的完整性验证机制，IBM 的 IMA 是基于 TPM 的完整性度量机制。Tripwire 主要针对文件系统进行完整性检查。

课程实验。作为课堂教学的巩固，课程实验可进一步加深学生对计算机系统安全核心知识点的掌握，提升动手实践能力。计算机系统安全的课程实验全部在开源 Linux 平台上完成，从介绍 Linux 平台、Linux 内核机制、Linux 服务器开始，学生依据自身基础选择学习 Linux 的起点。每个实验包括验证和编程两部分。其中，验证过程利用 Linux 的开源工具对课堂教学知识点进行巩固，加深理解。

在验证的基础上，编程进一步深化对课堂教学知识点的巩固和应用。编程练习也在 Linux 平台上完成，主要包括身份认证机制中的字符串变换、基于权限位的访问控制模拟实现、加密文件系统模拟、守护进程、DTE 模型模拟、GRUB 安全引导以及默克尔树模型实现等。

课程设计。计算机系统安全课程设计要求学生综合利用本课程的有关知识，在 Linux 平台上选择相应开发环境，针对操作系统安全的具体问题，完成从安全需求分析、安全机制设计、安全机制实施等过程，运用所熟悉的高级语言进行编程、调试，最终实现一个可在特定环境下正常运行、较为完整的系统安全机制。通过该课程设计，学生能掌握计算机系统安全知识框架的整体概貌，掌握系统安全的基础知识和关键技术，综合运用所学知识设计小型安全系统以及培养团队合作能力。

课程设计具体实施过程如下：首先，学生自主选题，根据选题结果组建团队（每个团队 3~6 人），协同合作完成需求分析、安全机制设计与实施、程序调试以及报告撰写等工作。然后，按照团队进行答辩，团队成员各自讲述个人的工作以及合作部分，这样每个学生都能总体上把握课程设计的各个环节，也较好地实现了团队合作。

第二课堂创新实践。目前，信息安全知识已渗透到各个相关专业。为了培养学生的创新能力，信息安全专业开展了"第二课堂创新计划"项目，根据教师提出的课题以及学生的兴趣，对入选的项目予以资金支持并安排老师负责指导。力图通过"第二课堂创新计划"项目训练的实施，整合信息安全实验平台的使用与学生工程素质的培养。由于在课堂上培养了较好的基础，通过课程实验进行了实践训练，学生在课程设计过程中能综合应用所学知识进行设计实施，不少学生主动联系教师，积极参与移动终端安全、工业控制系统安全、软件安全等与系统安全相关的科研项目。

为了宣传信息安全知识，培养大学生的创新意识和团队合作精神，提高大学生的信息安全技术水平和综合设计能力，我们鼓励学生报名参加全国大学生信息安全竞赛、大学生创新创业大赛等赛事，以增进同其他院校的交流，提升专业水平。采用上述教学方法以来，通过 Linux 平台上的开源工具使用以及该平台上的编程实践，以实际平台为依托，学生对知识点的掌握非常全面，也能进行动手实践，这对于学生深入理解课堂知识，较好地掌握 Linux 应用、内核架构、网络配置，以及深入学习信息系统安全、综合利用所学知识解决实际问题有非常好的帮助。在该课程学习的基础上，学生积极参与 Linux 认证、Linux 架站等专业培训，成为 Linux 高手。还有一些同学参加了 CISSP、CISP 等信息安全认证培训或等级保护、安全管理等专项培训，成为信息系统安全的高手。

"课堂教学——课程实验——课程设计——第二课堂创新实践"这样一个多样化、自主性强的教学实践过程，有助于使学生更好地了解整个课程的知识体系，锻炼他们运用本课程的知识和方法解决复杂实际问题的能力，以使学生获得良好的工程训练和设计、合作能力，为其后的研究或设计工作打下牢固的基础。

提升实践能力是网络空间安全人才培养的一个重要方面。针对计算机系统安全课程的教学，应将实践能力提升融入课程教学的各个环节，提升学生在网络空间安全领域的研发能力，为培养应用型人才打下良好的基础。后续我们将从教学模式的规划、教材引进、教学方法的更新以及教学评价体系等几个方面入手，进一步探索、实践和完善。

四、计算机辅助工业设计课程教学改革探究

随着计算机技术的广泛应用和对其他行业领域的深度介入，工业设计的手段和内容都产生了重大的变革，带来了全新的方式和理念，产生了一种全新的设计形式

计算机辅助工业设计 (CAID)。近年来，人们已经清晰地认识到 CAID 在设计领域的应用与推广不是可有可无的，而是工业设计步入信息化、智能化所采取的必要手段，也是充分发挥工业设计在现代制造业中特殊作用的必要条件。

与传统的工业设计相比，CAID 在设计方法、设计过程、设计质量和设计效率等各方面都发生了质的变化，它涉及计算机辅助设计 (CAD) 技术、计算机图形图像 (CG)、人工智能技术 (AI)、虚拟现实技术 (VR)、敏捷制造、优化设计、模糊技术、人机工程等许多信息技术领域，是一门综合的交叉性学科。

CAID 以工业设计知识为主体，以计算机和网络等信息技术为辅助工具，实现产品形态、色彩、宜人性设计和美学原则的量化描述，从而设计出更加实用、经济、美观、宜人和创新的新产品，满足不同层次人们的需求。

正是由于 CAID 在现代工业设计中的重要性越来越突出，目前全国高校中几乎所有的工业设计专业都非常重视学生 CAID 知识和技能的培养，开设了相应的课程，编写出版了相关的教材，取得了丰富教学成果，一些院校的 CAID 课程还建设成为了省级、国家级的精品课程。

（一）目前计算机辅助工业设计课程的现状与不足

介于 CAID 具有前述的特点，目前各个高等院校在其教学过程中 (特别是工业设计的本科教学) 涉及的教学内容还是有比较大的差异，正式出版的教材内容也各有侧重，这为该课程的讲授带来了一定的困惑和迷茫。总结起来，目前的 CAID 课程大致有以下这样一些问题：

1.CAID 的概念被放得太大，以至于在教学中把许多学科领域的内容都纳入其中，导致课程知识面宽而不精、内容庞杂，对解决实际设计问题的能力培养缺乏针对性。比如，有的把并行工程、人工智能、智能制造等内容都放到 CAID 的课程教学里面，使课程体系过于庞大、课程内容不能有效地聚焦到工业设计的重点问题，从而导致涉及知识面过于广泛、学生难以理解、学习兴趣降低等问题，在实际授课时难以操作和实施。

2. 把 CAID 的概念理解得过窄，课程内容仅停留在产品外观形态设计的层面，只教授学生如何构建产品的外形和视觉效果。这样的教学其实只注重培养学生在产品美学方面的计算机设计能力，而忽略了对学生在产品研究、概念创新、结构设计、产品装配等方面的知识和能力的培养与训练，割裂了产品设计的完整流程，使学生难以适应和融入今后实际产品开发的团队协作中。

3. 由于课程中要涉及多个软件使用的讲解，大部分院校的教师在教学过程中注重对软件各个功能和命令的解释和介绍，缺乏以实际的产品设计问题作为学习向导来培养学生解决实际设计问题的能力。这样的结果是学生在课程结束后都基本掌握了软件基本功能和命令使用，但遇到实际的设计问题仍然感到不知所措。

4.在教学方式上通常采用课堂讲授＋上机练习的形式，虽然能够及时对课堂上讲授的内容进行训练和加深理解，但是缺乏专业和系统的课外知识技能扩展的资源和途径，也没有小组讨论和课程汇报的环节，使学生只能自行去相关软件学习网站的论坛上去交流提问，不能有效地提升专业设计能力。

（二）课程改革的总体思路和具体内容

基于这样的背景和现状，我们对 CAID 课程内容改革的教学理念是：突破传统设计专业课程中分部讲解的模式，让学生能够从产品开发设计的全过程出发，利用探究性学习、研究性学习模式，调动学生自主学习的积极性。通过课题讲授、网络自主学习、优秀案例分析、实际动手操作以及互动讨论等环节，掌握计算机辅助工业设计技术在产品概念设计、数字化建模、数字化装配、数字化评价、数字化制造以及数字化信息交换等方面的应用知识和技能。

针对设计流程，我们在其中的主要环节上有针对性地对相关的计算机辅助工具进行深入的介绍，使学生在学习该课程以后能够在工业设计的主要环节中利用现代信息手段进行实际的创新设计工作。具体的课程改革内容有以下几个部分：

调查研究阶段。此阶段的工作主要是收集资料、访谈、观察、问卷调查等工作，以进行产品的竞品分析、绘制卡片分类表格、功能结构流程等，采用的计算机辅助手段主要集中在数据归档、分析与处理。因此，这个阶段的 CAID 主要是采用文字处理、电子表格以及数据库等软件来进行相关工作。

设计分析阶段。此阶段工业设计的主要任务是在前期调查的结果基础上，对产品的功能、结构、使用方式以及形态色彩等方面进行深入分析，提出明确的设计目标和方向。

在这个阶段，常常需要理清各种想法和进行思维发散，以获得今后创新设计的大致方向，这也是工业设计中较为重要的一个阶段。目前业界主要采用思维导图法进行设计思维的整理与分析，作为团队和个人开展头脑风暴的有效方法。思维导图的主要作用是使思维清晰化，因此在确定产品概念前与头脑思考相关的活动都可以尝试采用绘制思维导图的手段来解决。

我们在此阶段通过学习 MindManager 软件来帮助学生掌握开展思维导图的方法和手段，以提高产品设计中利用思维导图进行头脑风暴的效率和质量。

概念设计阶段。工业设计师此时的任务是在前期头脑风暴得到的各种创新概念的基础上，迅速地将各种设计创意形象化，把各种新鲜的概念和想法变为具体、有形的设计方案。此时要求设计师能够快速、准确地表达设计意图。传统的设计方式常用方法就是手绘草图，即利用铅笔、针管笔、马克笔等工具在纸上迅速绘制出设计师头脑中的产品概念。作为 CAID 课程，我们采用 Autodesk 公司的 SketchBook Designer 软件来培养学生的数字化手绘能力。该软件是一款矢量与像素混合编辑的绘图软件，充分利用了两种图形图像绘制模式的优点，高效地绘制出高质量的产品概念手绘方案。

详细设计、结构设计及样机制作阶段。当设计概念经过认真的评估以后就需要将之进行深化，利用合适的三维设计工具对产品进行详细设计。在这个阶段需要特别强调的是：工业设计应该是产品的整体设计，绝不仅仅是产品外观造型的设计，而且应该和后续的工程设计进行很好的数据对接。所以在设计软件的选择上除了要具备创建复杂外形的能力，还要能够构建产品的内部结构、添加标准件、方便修改尺寸大小、计算各种物理信息等，还要为接下来的运动分析、动力学分析和模具设计等工作提供数据接口。目前很多 CAID 课程中讲授的 Rhino、3DS Max 等软件显然不能达到上述的要求。

在我们的 CAID 课程中采用了法国达索公司的 SolidWorks 软件作为进行详细设计的主要工具。它具备非常强大的实体造型功能，可以完整描述实体全部的点、线、面、体的拓扑信息，还能够实现消隐、剖切、有限元分析、数控加工、光照及纹处理，以及外形计算等各种处理和操作。同时它的曲面设计功能也非常强大，具备完整的 NURBS 曲面设计能力，而且还能够快速实现实体与曲面的转换。它在参数化设计上的突出能力可使产品的立体模型和设计图随着某些结构尺寸的修改而自动修改。SolidWorks 允许在设计阶段就可以把很多后续环节要使用的有关信息放到数据库中，便于实现并行工程设计，使设计绘图、计算分析、工艺性审查到数控加工等后续环节工作顺利完成。在 2016 版以后，达索公司推出了 SolidWorks Visualize 可以实现照片级的实时渲染效果。

SolidWorks 软件简单易学、界面友好，非常适合设计类专业的学生学习。同时，相比其他同类的软件而言，SolidWorks 软件的价格较低，经济性比较突出，在国外众多的设计院校中得到了广泛的使用。

课程教学方法和授课形式的改革。除了在上述教学内容进行的改革，我们在教学方法上也进行了积极的改革探索。传统的软件教学基本上是针对软件本身的学习，主要介绍软件各个模块的主要命令和功能。而我们在教学上主要采取了基于项目和问题的教学方式进行，将知识体系打散为一个个简单具体、有较强针对性的知识点，增强学生的学习兴趣和灵活性。比如，在设计分析阶段，我们让学生使用学习的头脑风暴软件工具绘制了以"照明工具"为核心的思维导图，使学生学会如何将抽象的创新思维具体化；在详细设计的曲面造型模块，我们提出了"如何从曲面转换为实体"的问题，借此介绍了四种不同的方法，增强了学生灵活运用所学知识的能力。

我们将课程内容进行了分解，形成了相应的知识点并制作了数量较多的教学视频，连同教案等资料一同放在课程的教学网站上，方便学生利用自己平时碎片化的时间进行课前预习和课后复习。在课堂上，我们除了讲解重点的知识内容和解答学生在学习中遇到的问题外，还专门安排了小组讨论和汇报的环节，让学生们有机会在老师和全体同学面前讲述自己小组的设计概念和使用的技术方法，培养他们利用计算机软件提高工业设计的创新能力、团队合作能力以及口头表达的能力。

五、敏捷软件开发模式在计算机语言课程设计中的应用

计算机语言课程设计是各大工科院校自动化及相关专业的必修实践环节，一般安排在计算机语言类课程之后开设。学生通过 2 ~ 3 周的编程集训，完成一个小规模的软件设计，体验软件的开发周期，从而获得软件开发综合能力的提高，为后续专业课程的学习奠定编程基础。

近年来，企业对本科毕业生的要求越来越高，毕业生不仅要有扎实的专业功底，而且要具备较强的计算机应用、软件开发、创新和团队合作等综合能力。而且，团队合作能力越来越受到企业的重视。因此，高校应根据现代企业和社会的需求进行人才的全面培养。作为计算机语言课程设计的带队教师，应在教学过程中不断探索新的教学方法，寻求新的编程训练模式。

（一）计算机语言课程设计的教学现状

目前，我校开设的计算机语言课程设计实践课历时两周，主要训练学生进行 Windows 程序的开发，编程语言由学生根据自己的情况自选。课程设计的题目分为两类：一类由带队教师自己拟定；另一类由学生自己拟定。教师拟定的题目大多结合生活实际，且带有难度系数，最终以题目库的形式呈现给学生，学生可根据自己的情况进行选题；考虑到有的学生对题目库中的设计题目都不感兴趣，影响编程的积极性，允许学生根据自己的兴趣取向自拟题目，但是要得到教师的许可。这样，学生才能真正体验到开发程序带来的快乐，计算机综合能力也会得到相应的提高。经过多年的教学实践探索，计算机语言课程设计实践虽然取得了一定的成绩，也得到了学生的认可，但是还存在一些不足之处需要进一步改进。

1.每个设计题目均指定单个学生独立完成，学生从查阅资料到完成程序设计的

整个实践过程中与同学间的交流、合作机会少。

2.带队教师很重视计算机编程能力的培养，但是忽视了社会实践、团队合作之类的软技能培养。

分析上述的不足之处，可以看出以往的教学模式不利于学生团队合作综合能力的提高。因此，为了进一步提高教学质量，令学生既能体验最流行的编程模式，同时又能在实践过程中培养创新探索能力、团队合作能力，在本课程设计的教学方法改革中引入敏捷软件开发模式，给学生创造沟通的机会，增强学生的团队意识，让学生在团队互动的实践过程中得到最好的编程锻炼，使得软件开发能力和软技能综合能力得到最大的提升。

（二）敏捷软件开发模式

敏捷软件开发模式。敏捷软件开发模式从 2001 年开始传入我国，属于轻载软件模式。因为它的开发效率高于重载软件开发模式，目前，已成为全球流行的软件开发模式。2010 年 12 月 10 日，中国敏捷软件开发联盟正式成立。从此，国内的软件界也加入了敏捷软件开发模式的行列。

敏捷软件开发模式有一个突出的优点——非常重视团队合作。该开发模式有很多子方法：如极限编程、特性驱动开发、水晶方、Scrum 方法、动态系统开发等，每个子方法中都内含了团队编程。和传统的软件开发方法不同，敏捷软件开发的团队成员在每天开始工作前，都要进行一次集体的面对面的讨论与交流。所以，为了保证整个开发过程的顺利进行，团队的每个成员必须要学会主动和他人交流。

敏捷软件开发子模式的选择。在所有敏捷软件开发的子模式中，开发团队一般为 5 ~ 6 人。如果在计算机语言课程设计中规定 5 ~ 6 名学生组建一个编程团队，那么肯定有些学生会变得不主动。

选题与构思。在计算机语言课程设计的实践过程中采用结对编程这种敏捷方法，相对于以往的训练方式，是一种新的教学方法。这种结对方式既可以提高程序的开发效率、缩短代码的开发周期，又有利于建立起良好的团队合作和学习氛围。这也符合现在的以 CDIO(Conceive Design Implement Operat) 理念培养工程技术人员的要求。

（三）敏捷软件模式在计算机语言课程设计的实践应用

组建团队。在课程设计开始之前，首先要进行团队组建，即结对。敏捷宣言的原则中提到："最好的架构、需求和设计出于自组织团队。"所以，组建团队时，教师从不强行指定，而是让学生本着自愿结对的原则，这样形成的小团队才是最有潜力的团队。在接下来的两周时间内，结对的学生将在整个课程设计过程中共同完成软件的前期调研、设计开发、调试和成果答辩汇报等。学生将在所选项目的开发过程中通过亲身体验团队合作学会如何发现问题、共同分析问题和解决问题，同时提高自身的项目分析能力、创新思维能力和合作交流能力。

结对以后，小组成员要通过初步讨论进行选题和方案构思。如果对题目库中的题目不感兴趣，允许学生根据自己的兴趣自拟题目。待题目确定后，继续进行查阅资料、调研，并设计出初步的方案。如果两个人对设计方案意见不一致，需要进一步沟通交流。必要时请老师参与讨论，最终的设计方案必须是结对的两人讨论一致通过的方案。在整个选题构思过程中，学生都处于主动地位。

具体实践。这一阶段，结对的学生要根据第二步的设计方案开始编程。按照经典的结对编程流程，两个学生需在同一台计算机前一起编程。由于在本课程设计开设之前学生从没有经过系统的软件开发训练，所以在课程设计的过程中，不能照搬经典的结对编程流程。我们为每个结对组配备两台计算机，结对的双方要合理地利用两台计算机：一台用来显示资料和代码实例；另一台主要用来结对编程实现。这样整个代码的开发仍在一台计算机上完成，负责输入代码的学生要保证代码输入的快速性，负责校验代码的学生要保证代码的正确性。编程中如果遇到了不懂的地方，可以利用另外一台计算机随时进行资料查阅和代码实例的比照。在整个编程实现的过程中，结对编程的两个人要相互信任、互相督促，共同学习编程的技能，这样编程能力弱的学生也能在结对过程中学到编程的方法，共同完成团队的任务。

在整个实践阶段，为了掌握学生编程的进度，带队教师将以客户的身份全程参与到每个结对小组的实训中。建议每个小组在开始一天的工作前，必须开会决定当天的任务，并做成计划文档；每天的工作完成后，需将当天的编程结果给带队教师看，教师会根据每天的进展对每个结对小组当天的结果提出反馈的意见和改进的要求。

检查与提交。具体实践完成后，结对小组邀请教师来检查已完成的软件。通常，带队教师先检查代码的正确性，保证程序能顺利运行；然后，从使用者的角度检查软件是否符合设计要求。如果发现问题，则再次讨论修改，直到通过教师的认可方可提交代码。

考核。作为一门实践课，成绩考核是非常重要的，不能光靠最后提交的程序评定成绩，这样就会造成成绩的不公平。采用了敏捷软件的结对开发模式后，由于带队教师全程参与了各个小团队的开发过程，掌握了每个团队成员的平时表现，设计成绩由程序运行情况 (40%)、答辩情况 (10%)、平时表现 (30%) 和报告文档 (20%)四部分组成。

面对用人单位对人才的高要求，高校对程序设计之类的实训课应不断探索新的教学方法。将敏捷软件开发模式应用到计算机语言课程设计的教学中，已在我校自动化12级、13级的学生中进行了两年的实践。从两年的教学效果来看，在新的教学模式要求下，学生学会了相互间的交流和合作，学会了和别人一起分享成功。从小团队的组建到课题的选择，从方案的设计再到实现，均通过结对的两人合作完成，给学生提供了很大的自主空间。相对于以前的教学模式，学生在课程实践中获得计算编程能力的极速提升，软技能也得到了培养，极大地提高了学生的积极性和创新性。后续专业课的任课教师也反馈：学生经过本教学模式的编程训练，在专业课需要编程的实验环节表现出了很强的程序开发能力和组织能力。

第二节　高职计算机软件课程设计

一、高职计算机软件专业PHP课程体系设计

程序设计语言在高职教育计算机软件专业的课程设置中往往占有较大比重，是该专业的主干课程，也是学生毕业后从事职业所必需的职业技能。计算机软件技术发展非常迅速，目前学校所讲授的计算机语言种类可能在学生毕业后就不具有很强的竞争优势了。本节通过对计算机软件行业发展的三个阶段，以及高职院校计算机软件专业学生为适应现阶段和将来发展而应具备的技能进行分析，提出以PHP作为Web应用程序设计语言，并建立以实训为导向的课程体系的建议，以提高学生毕业后的竞争优势。

（一）计算机软件行业发展的三个阶段

PC机时代。从七十年代末到八十年代末，其所主要面向的是以个人用户运行于自己的计算机上。企业以IBM、微软、英特尔、戴尔等为代表。PC机上运行的程序现在被称为桌面程序，桌面程序位于和运行于用户的计算机中。设计桌面程序的程序设计语言一般有C、C++、Foxpro、Visual Basic、Power Builder和Delphi等。

Web时代。从九十年代初到21世纪初，其所主要面向于以网站形式的信息集成和数据服务。国外以雅虎、AMAZON、EBAY、思科为代表企业；国内以新浪、搜狐、网易等为代表。Web上运行的程序被称为Web程序，程序运行于网站的服务器上。Web程序设计语言主要有ASP、PHP、JSP、ASP.NET、JAVA等。

移动互联网时代。从21世纪初起到现在，其所主要面向应用于手机和平板电脑

等移动设备。企业以谷歌、苹果为主流。操作平台主要是 Android 和 iPhone/iPad，此外还有黑莓、微软的 Microsoft Phone、诺基亚的 Symbian 等。移动设备上运行的程序被称为移动程序，移动程序的设计语言主要有 JAVA、Objective-c、C# 等，此外还有 SL4A（适用于 Android 的脚本语言，比如 Perl、PHP、Python 等）和通过网页前端技术实现移动程序（HTML5、CSS、JavaScript）。

（二）高职院校计算机软件专业课程体系现状分析

通过对国内若干所高职院校计算机软件专业课程设置的调查分析，发现大多数程序设计类课程还处于 PC 机时代（比如 C 语言、Foxpro、Visual Basic、Power Builder 等），部分院校开设了 Web 时代的课程（比如 JAVA、ASP、ASP.NET）。C 语言一般可作为程序设计的基础类课程，其中面向过程的设计方法虽然不像现在流行的程序设计语言都具有面向对象的特征，但是通过 C 语言的学习，可以让学生了解程序设计的基本思想并通过实例来培养程序设计的思维方式。Foxpro 课程由于简单易学并且是全国计算机等级考试中的科目，所以很多高职院校把它作为非计算机专业学生的课程之一。但是对于计算机专业的课程，由于目前行业里很少再有把 Foxpro 作为开发语言的企业，所以不建议将其作为计算机专业的必修课程。VisualBasic 曾经是主流的 Windows 应用程序开发语言，以事件驱动和 GUI 界面设计为特点，但是其存在程序运行效率不高的缺点。

目前微软公司推出的 .NET 平台和开发技术，可以作为替代 Visual Basic 的开发工具。Visual Studio 2010 是一种 .NET 开发的集成环境，可以选用 Visual Basic、C++、C# 或者 JAVA 作为其开发语言。而且 Visual Studio 2010 不仅可以开发桌面程序，还可以开发 Web 程序和移动程序。.NET 的优点是图形化的设计界面，但是正是由于其简单易于操作，很多代码系统可以自动生成，反而阻碍了学生理解深层知识的动力和能力的培养。JAVA 是 SUN 公司的产品，由于其跨平台和面向对象的特征，在企业中受到广泛应用。但是对于高职学生，接受起来有一定难度。同时，作为实际应用，除了掌握语言本身，还需要学习很多框架的应用，导致学习曲线较长。目前高职院校中开设 Web 开发程序设计的一般是 .NET 或者是 JAVA，由于前面提到的两者的优缺点，一个由于过于图像界面化，一个过于繁杂，所以建议选用折中的 PHP 语言作为 Web 开发语言。PHP 语言既没有 JAVA 那么繁杂难学，又可以让学生跳过代码自动生成而多接触语言本身，在以后应用的效率较高，学习曲线平缓，学习周期不长。我们认为 PHP 课程总学时为 144 学时，分两个学期每学期 72 学时比较合适。

（三）以 PHP 为代表的 Web 开发课程体系设计

以实训为导向的课程体系建立的背景。在当前软件行业激烈竞争的新形势下，软件行业作为科技进步的领头羊，优秀人才是其竞争取胜的根本。企业迫切需要从知识、技巧、特质、态度到领域知识和行为技能等各方面综合素质都符合要求的员工。为了让学生更好地适应企业人才需求，胜任高端 IT 技能岗位，高职院校可开设以实训和就业为导向的课程，通过科学、有效的方式，培养高职学生专业技能和综合素质，从而创造更有竞争力的复合型人才，帮助高职学生快速进入高薪职业，开启成功的职业生涯。

实训课程的就业目标。在设置课程体系时，要考虑到学生毕业后可从事的工作，使学生毕业后可在各类专业软件公司和相关 IT 企业担任软件工程师、高级软件工程师、项目经理等职位，能够承担大型信息系统、电子商务、电子政务、企业 ERP、CRM 等软件开发工作。

实训课程简介。本课程将真实项目带入课堂，由具有实际项目开发经验的教师执教，指导学生在真实软件环境中实践练习，为学生提供最前沿的软件开发技术学习。通过实训课程培训，锻炼学生各项实践技能方面的动手能力，学习行业知识，接触不同领域、不同行业的客户需求，让学生具备丰富的项目实践经验和行业应用开发经验。除 IT 专业技能外，通过项目实战，结合综合职业素养的培训，培养学生相互间沟通能力和团队合作的能力。

课程体系的设计。一方面，是为了让每名学生通过参加培训掌握一项技能；另一方面，需要通过课程体系的设计引导学生完善自身的知识结构，具备一定的技术敏感性和洞察力，能够根据 IT 技术的发展及时合理地调整自己的知识结构。通过课程培训，希望传授给学生"捕鱼的技能"，即让学生掌握持续学习的方法，具备根据岗位要求进行自我培养的能力。总体上，PHP 培训课程分为四个部分：网络编程基础部分、PHP 语言基础和高级应用部分、软件工程及项目实训部分、职业素养培训。前三个部分我们称之为"硬能力"，最后一部分我们称之为"软能力"。如果只有"硬能力"，那么难免会因为 IT 技术的快速更迭而不断面临知识更新的压力；如果掌握了"软能力"，那么学生可以在职业生涯中不断自我完善、自我发展。因此，我们把所设计的教学培训课程模式称之为"软硬结合"模式。

高职计算机软件专业的课程体系建设，一方面，需要调查研究最新企业应用；另一方面，也需要考虑到高职学生的知识基础和接受能力，要选择既能适应就业又能让多数学生便于掌握的课程。在确立课程体系之后，随着 IT 技术的发展，每隔几年就要重新进行这个课程体系的调整，这就要求教师紧跟技术的发展，同时自身多进行实际项目的开发以积累经验，更好地进行教学。

二、高职计算机软件类课程实践教学环节的设计

计算机软件类课程是实践性很强的课程，需要学生在大量的上机实践中去领悟课程内容。但传统计算机软件类课程的实践教学环节，基本都融入在"讲练结合"的课堂模式中。实践教学环节大都是通过一个一个的小程序，去验证老师讲的语法和算法，课上、课下没有有机的衔接。学生甚至老师对课程的目标很茫然，没有"项目"的概念，没有"完整"的成果。尤其在高职院校，计算机软件类课程几乎走入了发展的瓶颈，学生学得索然无味，老师教得费力不讨好。

要走出高职计算机软件类课程的发展瓶颈，需要从课程定位入手，明确课程的设计理念与思路，重新构建实践教学内容。使用组建"开发小组"的模式，将实践教学环节从课上延伸到课下；使用"双线并行"等教学方法，让学生参与到实践教学的设计中来，激发学生无穷的创造力和自主学习、探究性学习的动力。

（一）课程定位

课程的开发来源于市场需求。首先，要进行社会需求分析、职业分析、岗位分析，明确课程的定位。例如，在开发"J2ME MIDP 程序设计"这门课程时，通过对社会需求的分析了解到，截至 2022 年底中国的手机用户已经突破 16 亿大关，同时手机用户还在飞速增长。作为无线娱乐产业的先行者，手机游戏市场的需求无限膨胀，就业前景十分乐观，学习者众多。于是，这门课程就定位在手机游戏的开发这一层面上，对应岗位是"手机游戏程序设计师"与"J2ME 手机游戏软件开发（高级）工程师"。通过职业与岗位分析，明确培养目标，即以手机游戏设计为目标，培养学生熟练运用 J2ME 技术开发手机游戏和移动设备应用程序的岗位职业能力，培养学生的实际动手能力、自主学习和探究性学习能力，培养学生的自我管理和组织协调能力、与人交往和团队协作能力，培养学生爱岗敬业的精神，使学生养成良好的职业道德。

其次，课程的开发过程应遵循的设计理念是：以工作需求为目标构建内容，以真实项目为载体表现形式，以工作过程为主线组织教学，以实际工作为场景设计方法，以职业资格为依据制定标准，以相关岗位所必须具备的综合能力为立足点，以培养学生的综合职业能力为目标，以工作过程系统化理念为指导，与企业深度合作，共同完成课程的设计、开发和教学。

（二）实践教学内容构建

实践教学内容的构建，不是从书上找几道例题，或者老师自己编几个小项目就可以的，而是需要通过对企业典型工作任务深入分析与剖析，与企业行业专家反复研究讨论，得出课程相关工作岗位的工作流程。然后，通过对典型案例和项目实例进行分析与研究，最终由校企合作开发出适合教学的完整项目案例。最后，再对项目进行提炼、序化、改造，根据岗位所需要的知识、能力、素质要求，以实用、适用和够用为原则，以及行业发展的需要，选取实践教学内容，以达到对学生职业能力全面培养的目标，并为学生可持续发展奠定良好的基础。

在构建"J2ME MIDP 程序设计"课程的实践教学内容时，根据手机游戏开发和程序设计的一般流程，经过与企业、行业专家的充分讨论，对各种类型的手机游戏进行分析研究，校企合作开发出一款容易上手、又惊险刺激的射击类游戏"决战之巅"。然后，以这款游戏为项目原型，按照教学规律进行优化。将项目开发的每个阶段成果，作为一个子项目，包括：设计制作手机游戏的闪屏和菜单、手机游戏的框架（雏形）设计、场景丰富的游戏设计、音效设计、排行榜设计，分别形成 5 个可以独立运行的半成品。最后，在实训周里，实现游戏的整合、提升、综合调试、测试、打包发布，完成一款完整的手机游戏作品。

（三）实践教学过程设计

计算机软件类课程的实践教学过程不可能是独立进行的，显然需要以一定的知识点、语法点和算法作为铺垫和倚靠。但如果把知识点和实践环节独立开来，不但效率不高，而且极易落入"讲练结合"的俗套。因此，在实践教学过程的设计中，需要把知识与技能进行有机结合，以"先行后知"为原则安排教学顺序。以知识准备、任务准备、任务实现、要点提示、知识提炼、任务延伸、知识拓展、归纳总结这 8 个环节来设计实践教学过程。

在实践教学的组织上，可以通过组建"开发小组"的模式来进行。实践教学过程以项目为载体，以任务为驱动，除了一些必备的背景知识以外，教师并不逐一讲解其中的语法和语句，而是让学生先做，在做的过程中，会发现一些问题。这时，小组成员之间就可以进行充分讨论，寻找新的语法点和解决方案，锻炼学生自主学习和探究性学习的能力。然后，小组之间进行相互的交流，各种思想会发生激烈的碰撞。充分发掘学生的创造潜能，提高学生解决实际问题的综合能力。

在 J2ME MIDP 程序设计课程的实践教学组织上，把每个教学班分成 10 个工作小组，工作组内各成员分工明确：项目负责人、游戏策划、美工、程序设计。每个小组都拥有自己策划、设计的一个游戏作品，就像爱护自己的孩子一样，每个小组成员都对自己的作品具有强烈的责任感，希望其不断地丰富完善并被认可。在每个学习阶段结束时，各小组都会争相展示自己的阶段成果，陈述设计中的亮点和不足，其他小组可以对其中的亮点提出质疑，对其中的不足给出建议方案。这种设计的欲望和热情自然而然地会延伸到课下，很多学生会从书上、网上寻找解决方案，设计出更加绚丽的游戏效果，都希望自己小组的作品能够与众不同，能够脱颖而出。

在实践教学过程中，教师需要遵循"个性化──一般化──个性化"的教学策略。例如，在 J2ME MIDP 程序设计课程的实践教学过程中，教师首先以一款校企合作开发的飞行射击类游戏作为项目原型，分析其中"个性化"的游戏情境，如主角、敌机、子弹。然后，在实现过程中，将其"一般化"。即在过程中要让学生领会到，在其他的游戏类型中可使用同样的方法实现类似的效果，如滚屏的设计、碰撞的判断等。最后，学生利用这些知识和技能将其应用到自己的游戏作品中，每个小组完成自己"个性化"的游戏作品。

（四）教学方法设计

不同的教学目标与教学任务需要不同的教学方法去实现。计算机软件类课程的各个实践教学环节既有共性又有个性。因此"作品体验""双线并行""项目驱动""任务导向"这四种教学方法应贯穿于整个实践教学环节。而在每一个实践教学单元中，再对学生应达到的知识、品性、技能三方面提出具体的要求，每一方面都需要有与该项目标相适应的教学方法。如引擎驱动、角色扮演、头脑风暴、深入探究、任务叠加、引导发现、设问点拨、小组讨论、自主学习、操作演示、鼓励创新、分层辅导、交流展示、归纳总结等。

作品体验。在进行具体的项目设计之前，先让学生大量地去看、去用一些类似的软件项目。有了具体的、直观的认知之后，才会有自己的设计思路和创作欲望。

例如，开发手机游戏首先得会玩游戏，欣赏游戏。通过大量游戏的浸润，不断提高自身的游戏素养。在项目过程中，鼓励学生不断下载、收集一些常见的、流行的手机游戏，每周花一定的时间共同欣赏、分析游戏，逐渐让学生从单纯的玩游戏，过渡到从开发的角度去揣摩游戏，开拓思路，并将其应用到自己的游戏作品中去。

双线并行。所谓双线并行就是"老师讲 A，学生做 B"。老师在课上演示一个贯穿项目，学生在课上可以先模仿，然后利用课上和课下的时间完成另外一个同类的、相对综合复杂的贯穿项目，会收到良好的教学效果。

例如，在 J2ME MIDP 程序设计课程的实践教学过程中，首先，以一款飞行射击类游戏"决战之巅"作为项目原型进行分析、演示。学生可以先照着做，在领会了其中的知识和技能之后，马上分析、策划自己的游戏项目，对项目原型中包含的故事背景、游戏情节和实现技巧加以拓宽改造；其次，进行美工设计、程序设计、编码调试，最终得到属于自己的、个性化的项目成果，学生会有很大的成就感。

项目驱动。一个项目不可能一次完成，也不能把完整的项目作为教学案例整体呈现。在实际操作中，可以将完整的项目按照各个教学单元和实践环节，划分成若干个子项目，以子项目进行贯穿，引导学生通过项目实践寻找完成任务的途径和方法。最后，在项目综合实训环节中，实现子项目的整合、提升、综合调试、测试和打包发布，得到最终的项目成果。

任务导向。在每个子项目中可以再设计若干个任务，这些任务之间既有并行的、也有递进的，更有延伸的。任务分层，因材施教，在课堂有限的时间内，让学生自主选择合适的台阶，小步快进。学生在完成这些任务的过程中"边做边学"或者"先做后学"，不但提高了学习的效率，而且锻炼了能力。通过在真实的任务中探索学习，不断提高学生的成就感，更大地激发他们求知欲望，逐步形成一个感知心智活动的良性循环，从而培养出独立探索、勇于开拓进取的创新能力。

市场对学生的职业能力要求，催生出新型的课程结构，新型的课程结构需遵循基于设计导向的工作过程系统化学习领域的开发理念。

高职计算机软件类课程的实践教学环节，应按照高职学生的认知特点，低起点、高要求，鼓励学生去实践，引导学生去思考，提倡学生在实践过程中自己动脑、动手去获取知识，以职业技能为基础，培养学生的综合职业能力和创新精神。

第三节　计算机软件的应用研究

一、环境艺术设计专业计算机软件应用课程教学

目前，计算机软件凭借高效、快捷、方便实时沟通、快捷存储输出等优点，迅速参与到艺术设计创作之中，改变着设计的方式和效率。计算机软件的不断推陈出新，极大地丰富了艺术设计的构成元素，可以充分发挥艺术家的想象，提高设计作品的艺术感染力，也带给我们全新的创作手法和表现语言。因此，计算机软件应用课程在现代高等艺术教育中的地位也越来越重要。

（一）环境艺术设计专业相关的计算机软件应用课程教学要求

环境艺术设计专业需要学习的计算机软件应用课程主要包括：3ds Max、AutoCAD、Photoshop、Coreldraw 等。与视觉传达设计和动画专业相比，其教学目

标和教学内容也存在很大的区别。

3ds Max 课程主要培养学生对三维室内外空间创意设计的能力，通过场景建模、贴图、灯光、渲染器参数设置，营造出真实的室内外空间效果图表现。AutoCAD 侧重于室内外施工图的绘制。Photo shop 作为专业的图像处理软件，一直是建筑表现的主力工具之一。无论是在建筑平面图、立面图制作，还是透视效果图的后期处理，都可以看到 Photo shop 的身影。由于其图像处理功能的强大，现已成为建筑表现专业人士的首选软件。Coreldraw 可以用来制作一些彩色平面图、立面图、方案分析图等。

（二）计算机软件应用课程教学现状分析

课程开设时间。首先，软件课程一般开设在专业课之前，方便学生设计方案的表现。而计算机软件应用技能要结合专业理论知识进行创作，如果学生没有理论知识直接运用软件，做出来的作品也相对缺乏专业性。其次，软件的学习需要不断巩固和练习，如果与专业课程的学习时间相距较远，重新拾起又需要一个过程。

教学内容。大多数艺术院校的课程教学内容更多取决于任课教师。由于每一位老师讲解内容的侧重点不同，也导致了同一专业不同班级的授课内容各不相同。由此现状我们不得不强调要重视计算机软件应用课程的专业性。比如，3ds Max 课程教学很多都集中在一些居室空间设计方案的表现，而对于大型的公共空间或者户外景观场景的渲染讲解还存在些许不足。这样往往导致学生对于小空间可以应用，对于其他公共空间类型的渲染比较陌生。

软件之间融合不足。计算机绘图软件之间存在着密切的联系，一个方案的表现可能要用几个软件相结合才能达到预想的效果。3ds Max 渲染出的效果图可以结合Photo shop 软件进行后期处理，所以学生在学习软件的过程中，要能够做到得心应手，融会贯通，不要因为某一个软件操作技能的缺失而导致不能顺利完成作品的创作。

（三）计算机软件应用课程教学策略

针对环境艺术设计专业的特点，结合本人计算机软件应用课程教学实践，主要从以下几个方面提出一些建议：

课程设计科学合理。首先，在课堂教学之初，学生对软件还不了解的情况下，最好不要在课程的一开始就介绍窗口界面基本操作，可以先对软件作一下简要的介绍，以及强调软件学习的重要性，吸引学生的注意力，提高学生的学习兴趣，为课程的开展铺设一个良好的开端。其次，上课过程中教师要充分备课，针对教学大纲合理制定教学计划，担任同一门课程的教师可以互相借鉴，探讨教学方法和教学内容，取长补短提高教学质量。最后，由于计算机软件更新较快，很多命令和使用技巧都在不断改进，教师需要随时关注最新实战技术，争取给予学生在软件学习上充分的指导。

教学内容有针对性和实用性。计算机软件作为创作工具应与专业设计课程紧密结合。该专业设计课程主要包括室内设计和室外景观规划设计等。CAD 是应用较多的软件，主要绘制施工图，所以教学内容除了强调室内设计的规范要求，也应该包括景观设计的制图与识图内容，这样会让整个课程的内容更有实用性和针对性。

同时作为艺术院校的教师也应该时刻关注最新设计趋势，以及一些新出的软件使用技巧。像景观设计方案效果图的表现，可以推荐学生学习 Sketch Up 软件，很多人将它比喻为电子设计中的"铅笔"，方便的推拉功能可以将一个图形快速生成3D 几何体，无需进行复杂的三维建模。另外一个 Lumion 软件，是一个实时的 3D 可视化工具，可以制作电影和静帧作品，是当前应用非常广泛的动画制作软件。

改进教学方法，调动学生学习热情。软件的学习大多是教师演示、学生模仿。这一过程学生的参与较少，很多操作都是按照老师的步骤重复完成，而没有深入思考为什么这么做。因此，教师在教学过程中可采取"参与式"和"互动式"教学方法，在演示完一种方法之后，给出相似命题让学生尝试用其他方法完成，激发学生灵感的同时活跃课堂气氛。

建立合理的考评机制，促进学生创造力的发展。教学考核评价是考查学生对课程掌握程度和调动学生学习积极性的重要手段。在现阶段的教学考核上，很多都是由任课教师根据自己的教学情况来制定，考核方法相对随意，标准也不是完全统一。如果用传统的测评方法考核学生的软件应用，不能充分发挥学生的想象力和创造力，更谈不上创作好的作品。评定学生成绩时要注意结合学生在平时学习过程中的表现，切不可以分数来说明问题，学生的个体存在差异，理解问题、思考问题的方式方法不一样，并且仅凭一次考试来评价学生的水平也不够全面。因此，教师可采用几个部分按百分比相加的形式，如：课堂表现＋平时作业＋上机操作＋创新活动。重点加强课堂表现和点评平时作业的部分：课堂表现反映学生对知识理解掌握情况，教师对于学生每次的表现做好随堂记录，鼓励学生不断进步；点评作业可以为学生提供一个展示的平台，同学之间可以相互观摩学习、共同进步。或者在课程结束的时候以展览的形式验收学生作品，增强学生的成就感。

提高课堂教学质量培养适应社会发展需要的专业人才，是高校教学工作的重要任务。当前，关于计算机软件应用课程的教学方法、内容、教学手段、考核方式还有待我们进一步探讨。作为艺术设计专业的教师，不仅要紧跟计算机软件发展的速度，努力提升个人专业能力，同时还需结合艺术类专业学生的特点，以培养学生创新思维能力、实践动手能力为主要目的，通过不断更新教学内容，改进教学方法，激发学生学习兴趣，从而取得较好的教学效果。

二、计算机软件在化工工艺专业课程设计中的应用

随着化工行业的不断发展，化工学科的内涵也在不断丰富，行业对具有良好工程意识和较强工程能力的工程技术人才的需求量日益增大。高等学校工科专业为适应社会发展的需要，其主要目标是培养高素质的工程技术人才。因此，新时代高等学校化工专业的重点和关键除了培养学生的综合能力外，需要进一步加强学生工程意识和工程能力的培养。作为国家特色建设专业和国家级综合改革示范专业，郑州大学化学工程与工艺专业对于如何提高学生的工程实践能力，对设计类课程进行了大量的改革和创新，也取得了较好的效果。随着世界计算机技术的飞速发展，化工设计过程中引入计算机工具已成为大势所趋。为此，由于专业设计课程学时有限，要在规定的时间内完成高质量的设计作品，引入计算机技术显得尤为重要。面对这一发展形势，郑州大学专门开设了设计理论课程，重点增加了学生对于计算机软件应用的相关内容，包括 AutoCAD、Aspen Plus、PRO/Ⅱ以及 Math CAD 等软件。在熟练掌握相关软件的基础上，进行化工工艺专业设计时，将软件灵活运用，大大地减少了繁杂的手工计算工作量，学生对专业课程设计的兴趣也得到了提高，教学效果得到了明显的改善。本节将对不同计算机软件在化工工艺专业课程设计中的应用进行简要介绍，并对应用后的教学效果进行总结。

（一）AutoCAD 的应用

AutoCAD 是由美国 Autodesk 公司研制开发的一种计算机辅助绘图设计软件。目前，AutoCAD 由原来的二维绘图发展到三维绘图，版本也在不断地更新和升级，并且可以和其他的计算机软件合并使用，设计得到的动画更为真实。AutoCAD 是世界上应用最为广泛的 CAD 软件之一，它在化工设计绘图中有着极其重要的作用。在进行化工工艺专业课程设计时，需要对所设计的单元操作或工艺车间进行制图，学生利用 AutoCAD 对设计涉及的化工设备、化工工艺流程、设备和厂房布置以及化工管道布置等进行快速绘制。

（二）Aspen Plus 的应用

美国麻省理工学院在 20 世纪 70 年代开发了大型化工模拟软件 Aspen Plus，该软件具备单元操作模型强大、设计能力优秀、物性数据库和热力学方法齐全等优势，

已被广泛地应用到化工过程的工艺设计、项目研发、技术改造、工艺优化、过程集成、设备设计等方面。Aspen Plus 在学生进行课程设计时起到了重要的作用。例如，在进行精馏塔的设计时，计算不同回流比下精馏塔数据求解最优回流比，由于很多物系的相平衡数据缺乏，直接计算难度很大。学生通过利用 Aspen Plus 的捷算方法有效地解决了这一难题。例如，以 Columns 组的 DSTWU 模块建立需要设计的精馏过程流程图，然后依次输入组成、塔板数等控制参数，输入完成后可以进行运算得到设定塔板数下的回流比、再沸器和冷凝器的热负荷，还能得到在相同分离要求下不同塔板数和回流比数据组，依据该数据组即可获得最优回流比。

（三）PRO/Ⅱ的应用

Pro/Ⅱ是由美国 SIMSCI 科学模拟公司在结合 Process 和 Aspen 软件技术的基础上开发的专业化工流程模拟软件。Pro/Ⅱ的物性数据库十分完善，热力学物性计算系统强大，单元操作模块多达 40 多种，应用范围广泛，将其应用于化工工艺专业的课程设计中，不仅能大大减少设计的计算量，还能提高计算的准确性。同样，在进行精馏塔设计时，学生可以通过运用 Pro/Ⅱ进行精馏设计的工艺计算。具体的计算分为两步：1.以捷算法进行塔板数或回流比，采用 Fenske 方程计算出全回流条件下的最小理论板数，以 Underwood 获得最小回流比，根据具体情况由 Gillian 的经验关联图求解实际的回流比或理论板数；2.利用 Distillation 模型对再沸器和冷凝器的负荷进行准确计算，并对精馏塔进行逐板计算，得到各物流组成及流量数据。

（四）Math CAD 的应用

Math CAD 是美国 Math soft 公司于 1986 年推出的一款具有强大数学运算、绘图、编程的数学系统软件。Math CAD 操作简单、易懂好学，用它进行计算时一般不需要编程，能够解决很多科学计算和工程计算问题，简化计算过程、提高计算效率，应用十分广泛。在进行化工工艺课程设计时，经常需要用到试差法，计算过程十分复杂，需要耗费大量的时间，运用 Math CAD 进行计算，很好地解决了以上问题。例如，在进行合成氨工艺过程氨合成工段工艺设计时，进行冷交换热量衡算时若手工计算需要试差，学生利用 Math CAD 将温度条件、冷量计算函数进行定义，直接就能得到计算结果。

综上所述，郑州大学化工与能源学院化工工艺专业在进行课程设计过程中，将计算机技术与工程问题紧密结合，学生利用 AutoCAD、Aspen Plus、PRO/II 以及 Math CAD 等软件解决了课程设计过程中存在的计算复杂、工作量大等问题，提高了课程设计过程中的计算效率，课程设计的质量也得到了提高。在进行课程设计的同时，学生熟练掌握了多种工程软件，进行化工课程设计的积极性明显提高，工程实践能力得到了很好的培养，综合创新能力也得到了锻炼，这为郑州大学化学工程与工艺专业培养"卓越工程师"，提高学生的就业竞争力打下了扎实的基础。

三、计算机软件在建筑设计课程教改中的融合运用

计算机软件绘图的教学目的，主要是为建筑学专业的核心课程"建筑设计课程"服务。在建筑设计课程中，建筑学专业学生的建筑设计完成之后，其成果需要用图纸呈现出来。建筑设计图纸表现分为手绘图纸和计算机绘图，在建筑设计之初，手绘图纸占据重要地位。但由于建筑工程施工的精确性，建筑设计的最终表现形式均以计算机绘图的形式呈现出来，进而形成最终的建筑施工图阶段。因此，计算机软件绘图在建筑设计课程中就显得尤为重要。建筑学学生在校学习期间，不仅要学好建筑设计理论知识，更应当学好计算机软件。和建筑设计课程相关的计算机软件有AutoCAD、SketchUp、Photoshop等。现以AutoCAD、SketchUp、Photoshop为例，着重介绍计算机软件在建筑设计课程教改中的综合运用，以及在计算机软件学习中怎样更好地学习软件并做到学以致用，把不同的计算机软件知识综合运用到建筑设计课程之中，这对今后建筑设计类课程教学的改革发展至关重要。

（一）计算机软件绘图常用软件及在建筑设计中的作用

随着建筑学行业的发展，传统的建筑手绘成果已经无法满足市场需求，因而计算机软件绘图广泛兴起，并被社会普遍接纳和应用。常用的建筑设计计算机绘图软件主要有AutoCAD、SketchUp、Photoshop等。它们在建筑设计中各有作用，并有其各自的显著特点。建筑设计成果主要包括：建筑设计说明、建筑平面图、建筑立面图、建筑剖面图、建筑大样图、建筑经济指标、建筑透视图、分析图等。那么建筑设计成果即最终图纸的表达就需用到计算机软件绘图。建筑设计成果这几个方面的内容主要由AutoCAD、SketchUp、Photoshop软件来完成。

AutoCAD软件及作用。AutoCAD全称Autodesk Computer Aided Design，是Autodesk(欧特克)公司首次于1982年开发的自动计算机辅助设计软件，主要用于二维平面图纸的绘制及基本的三维图纸的表现。涉及工程制图、电子工业、装饰装潢、土木建筑、工业制图、服装加工等诸多领域。而应用于建筑设计并被广泛接纳是在2000年左右。在建筑设计方案完成之后，方案的平面、立面、剖面、建筑大样图等二维平面图形，均需用AutoCAD软件来绘制。此外，建筑设计中的建筑说明、建筑门窗表等表格文件也通过AutoCAD软件来统一完成。AutoCAD软件在建筑设

计成果最终图纸表达中起到重要的作用，几乎完成了其 60% ~ 70% 的图纸量。

Sketch Up 软件及作用。Sketch Up 是由 Last Software 公司推出的一款三维图形绘制的软件。在建筑设计成果中，建筑透视图是整个建筑设计的重点展示部分，是给甲方所展示的最直观的部分。因而 Sketch Up 建筑三维透视图的绘制至关重要。在建筑设计前期方案设计阶段，Sketch Up 更是可以作为方案推敲的重要手段，有些人脑无法构思的三维可用 Sketch Up 来建模。该软件使用起来简单易操作，能灵活表达设计者的思维，因而被当今设计院及设计单位的建筑设计师广泛接纳和使用。Sketch Up 区别于其他三维软件，它不像 AutoCAD 那样死板，绘制的建筑透视图没有活力和生趣，也不像 3DMAX 那样操作复杂、占用电脑内存大、电脑容易卡机。Sketch Up 命令不多，且操作比较简单，功能非常强大，主要可推敲建筑的体量、尺度、空间划分、色彩、材质以及某些细部构造，也可绘制不规则的异形建筑物，是建筑设计很好的表现手段，在设计方案创作的初步阶段对建筑设计师起到不可或缺的作用。并且建筑设计透视图若出现问题，用 Sketch Up 修改也很方便，在建筑设计成果最终图纸的效果图表达中起到重要作用。

Photo shop 软件及作用。Photo shop 简称"PS"，是由 Adobe Systems 开发和发行的图像处理软件。功能有很多，主要是关于图形、图像、文字等方面的处理，更多的进行图像修改。在建筑设计中，PS 主要是对建筑透视图进行修改和处理，以及建筑设计方案的设计排版，让建筑设计说明、建筑平面图、建筑立面图、建筑剖面图、建筑大样图、建筑经济指标、建筑透视图、分析图等内容展现出优秀合理的排版结构。尤其用 PS 软件在效果的修图中，可使得建筑设计师用三维软件画出的效果图起到再创作的效果，让效果图最终呈现出真实感、高级感。

（二）计算机绘图软件在建筑设计课程教学改革中的运用

计算机绘图软件在建筑设计课程中运用存在严重不足，无论是教师的"教"，还是学生的"学"都达不到对一个建筑学专业的学生的培养要求。

"教与学"存在之问题：

教师教学脱节。在软件类课程教学中，每位授课教师都尽心尽力，然而教学效果并不理想，不能做到与建筑设计课程融会贯通，以至于在学生建筑方案的计算机图纸表达中，达不到理想的表现效果。主要原因是教师教学方法不正确。建筑设计课程是综合了建筑学专业的所有课程，不仅要求学生对知识涉猎广泛，并且能够综合使用、融会贯通。而且前提就要求不同课程的授课教师能够深刻理解各自所代课程与其他课程之间的必然联系。譬如，各类软件课程与建筑设计课程之间的必然联系。而在传统教学中，各位授课教师均"尽心尽力"，然而各自为战，只顾把自己所代课程的知识一股脑灌输给学生，却从来不从实际需求出发，不兼顾其他课程的进程与需求。例如：在 AutoCAD 课程教学中，教师把建筑制图的"L""PL""CO""MI""RO""B"等软件命令都教给学生，学生也确实会单独使用这些命令，但是在建筑设计课程最终的图纸成果表现时，用 AutoCAD 绘制建筑设计平面图，学生却不会综合使用 AutoCAD 课程教学中所学习的软件命令。

学生学习严重不足。关于"AutoCAD""Sketch Up""Photo shop"这几个软件的学习，学生学习较为盲目。这几个软件都有正常的教学时间，然而教师授课时间毕竟有限，课堂上给出学生练习的时间更是少之又少，学生学习最大不足就是只上课学习，一节课下来学习不了几个命令，练习一遍之后，就不再复习和使用。这样导致的直接结果是课程上完了，上课所学的命令也忘完了。学生对于软件类学习不够重视，学习软件也没有规划，除了上课的学习时间严重不足之外，建筑学专业的学生对于与软件相关的核心课程"建筑设计"联系也缺乏思考。不能够把软件类课程利用课下时间学习得足够好，也不能把软件类课程上学习到的知识真正运用到建筑设计课程之中。通常学生学习的软件命令只是为了学习软件，而不知应用至建筑设计中加以表现。

教学改革新策略（课程之间加强衔接）：

教师教学改革。计算机软件的讲授，不仅是软件类课程的独立任务，教师在授课前应与其他密切关联课程的授课教师进行交流。不仅满足自己课程的授课要求，还要与其他课程形成统一体系，共同促进学生专业学习。例如，在 AutoCAD、Sketch Up、Photo shop 等软件课程的授课中，授课教师应明白软件授课目的是为了表现建筑设计图纸最终的成果。故而，软件类课程各授课教师可与建筑设计课程授课教师定期进行交流，并进行经验的总结，更加深入地了解建筑学专业需求，结合建筑设计授课，给学生合理安排与建筑设计相关的软件命令练习，使得学生可以学以致用，把在软件类课程中所学到的知识真正运用到建筑设计方案图纸的表达之中，真正做到与专业主干课程——建筑设计融会贯通，从而达到加强学生专业知识的目的。

提升学生自主学习兴趣。计算机绘图软件的学习，既是独立的个体，又是需要与其他课程综合学习的课程。学生不会学以致用，且没有热情更进一步地努力学习。这个问题如何解决，关键在于学生。首先，可结合学生将来就业需求，引导学生确立学习目标。在计算机软件授课过程中，结合学生将来就业内容，给学生讲明白软件课程的学习在其将来就业中主要运用到哪些部分。其次，合理安排课下软件练习任务，培养学生良好的学习习惯。课堂实践时间过少，学生无法精细完成课堂知识的练习，软件类授课教师应当合理并有重点地安排好学生课下需完成的软件练习作业，并督促学生按时完成。再找出建筑设计图纸表达的优秀案例，激发学生学习和练习的热情。软件类授课教师可在课堂上，找和建筑设计相关优秀工程图案例，激发学生去主动学习。最后，在建筑设计课程最终的建筑方案设计成果表达中，积极运用计算机软件来完成，用软件课程中所学到的知识成功表现出自己的建筑设计思想。

近二十年，AutoCAD，Sketch Up，Photo shop 作为制图的先进手段，已经被广泛运用于建筑设计领域。建筑设计课程是建筑学专业的专业课，也是建筑学专业最为核心的课程，在教学过程及成果展现中，涉及大量设计图的类型，AutoCAD、Sketch Up、Photo shop 这几个软件，从二维、三维及建筑设计最终成果排版等几个方面，可以很好地辅助建筑设计课程。在建筑设计课程的教学中，把这几个重要的计算机绘图软件融会贯通，并结合优秀的建筑方案设计，最终一定可以完成一个完美的建筑设计。同时对于提高建筑学专业学生建筑设计课程的图纸质量、保证学生有足够能力独自完成毕业设计以及毕业后尽早独立承担设计单位的设计任务，均有着显著作用。

结束语

近些年来，计算机技术获得了突飞猛进的发展，各种新技术、新发明被应用于实践，大大方便了人们的社会与生产活动。追本溯源，计算机最早是军事科研领域的产物，是为了应对军事领域的各种需求而设计的，随后计算机开始向社会的各个领域扩展，并迅速获得发展，带动了全球范围内的技术进步，引发了深刻的社会变革。目前，计算机并不仅仅在企事业单位、学校获得应用，也走入到寻常百姓家中。计算机已成为当前信息化社会当中必备工具，也是人类步入信息时代的一项重要标志。

具体来说，计算机的软件不同于硬件。首先在维护方面，硬件有更新换代的周期，并且用得越久越容易坏，但计算机软件不存在变旧的问题，只要在使用软件时根据新的需求不断维护升级，软件就能一直运行下去；其次在要求方面，软件有比较高的要求，绝对不允许出现丝毫误差，可是硬件产品允许存在极少数误差；然后在表现形式上，硬件存在着味、色、形，而软件只是存在于人的思想或者纸面上，只有在运行中才能感受到软件的好坏；最后在生产方式上，硬件属于制造，软件属于开发，两者从根本上是不同的。

进一步讲，软件开发是系统性工程，是按照用户相关要求建造出的软件系统，具体主要为需求捕捉、分析、设计、实现以及测试。软件的一个生存周期则是开始计划一直延续到废弃，具体有计划、开发、运行，各个阶段构成若干更小时期。计划阶段有界定问题与可行性研究；开发阶段有编码、概要设计、需求分析、详细设计；运行阶段则是维护与测试。开发软件项目的基本步骤有系统计划、设计、编码、维护、分析、测试等。

基于以上知识，本书主要论述了计算机软件技术的理论与实践，介绍了计算机软件发展、计算机软件开发、软件开发的工程研究、计算机软件的测试技术、计算机软件课程设计等内容，适合计算机软件从业人员参考阅读。

参考文献

[1] 仇国巍．计算机软件技术基础 [M]．西安：西安交通大学出版社，2010．

[2] 戴晶晶，胡成松．大学计算机基础 [M]．成都：电子科技大学出版社，2020．

[3] 戴歆．计算机软件技术及教学模式创新研究 [M]．长春：东北师范大学出版社，2018．

[4] 邓达平．计算机软件课程设计与教学研究 [M]．西安：西安交通大学出版社，2017．

[5] 段莎莉．计算机软件开发与应用研究 [M]．长春：吉林人民出版社，2021．

[6] 高永强．计算机软件课程设计与教学研究 [M]．北京：北京工业大学出版社，2020．

[7] 高瑜，毛盼娣，潘银松．大学计算机应用基础实验教程 [M]．重庆：重庆大学出版社，2020．

[8] 贡国忠，景小文，陈辉定．计算机基础应用及 MS Office 2010 教程 [M]．苏州：苏州大学出版社，2019．

[9] 顾德英，罗云林，马淑华．计算机控制技术 [M]．北京：北京邮电大学出版社，2020．

[10] 李平，魏焕新．计算机信息技术项目化教程 [M]．北京：北京理工大学出版社，2019．

[11] 梁松柏．计算机技术与网络教育 [M]．南昌：江西科学技术出版社，2018．

[12] 刘申菊．计算机网络 [M]．北京：北京理工大学出版社，2019．

[13] 潘银松，颜烨，高瑜．计算机导论 [M]．重庆：重庆大学出版社，2020．

[14] 申晓改．计算思维与计算机基础教学研究 [M]．成都：电子科技大学出版社，2018．

[15] 宋勇．计算机基础教育课程改革与教学优化[M]．北京：北京理工大学出版社，2019．

[16] 索红军．计算机软件设计与开发策略 [M]．北京：北京理工大学出版社，2014．

[17] 仝军，赵治，田洪生 . 计算机网络基础 [M]. 北京：北京理工大学出版社，2018.

[18] 王蓁蓁 . 计算机科学与技术丛书软件测试原理、模型、验证与实践 [M]. 北京：清华大学出版社，2021.

[19] 武岳，王振武，赵学军 . 计算机技术与人工智能基础实验教程 [M]. 北京：北京邮电大学出版社，2020.

[20] 杨平 . 计算机软件技术基础 [M]. 北京：中国铁道出版社，2009.

[21] 杨文静，唐玮嘉，侯俊松 . 大学计算机基础实验指导 [M]. 北京：北京理工大学出版社，2019.

[22] 殷铭 . 计算机文化基础 [M]. 成都：电子科技大学出版社，2019.

[23] 尹小敏 . 计算机应用基础 [M]. 成都：西南交通大学出版社，2019.

[24] 张庆华，程国全，王转作 . 新工科专业工科基础课程教材计算机软件技术基础 [M]. 北京：清华大学出版社，2021.

[25] 张仁津 . 计算机软件开发技术的研究 [M]. 贵阳：贵州人民出版社，2005.

[26] 张逸琴，麦永豪，陈铿锵 . 大学计算机应用基础信息化教程 [M]. 北京：北京理工大学出版社，2018.

[27] 张裔智，陈国靖 . 大学计算机基础学习指导 [M]. 重庆：重庆大学出版社，2018.

[28] 赵亮 . 计算机软件测试技术与管理研究 [M]. 北京：中国商业出版社，2020.

[29] 赵亮 . 计算机软件测试技术与管理研究 [M]. 北京：中国商业出版社，2020.

[30] 郑东营 . 计算机网络技术及应用研究 [M]. 天津：天津科学技术出版社，2019.

[31] 朱新民，单艳芬 .CAD/CAM 软件应用技术 [M]. 北京：北京理工大学出版社，2019.